女人不一定要美丽，但一定要有气质。对一个女人而言，气质的价值远远胜于外表的美丽。外表的美丽就如同昙花一现般稍纵即逝，然而气质却是伴随女人一生的资本。

女人就是要有气质

| 微阳 编著 |

中国华侨出版社
北京

抛弃无谓的忧虑,淡定和豁达的女人最有气质。

动人的容颜无法抗拒岁月的印痕，
唯有气质，
如陈年佳酿般随着人们自身修养的完善和自我价值的提升，
体现出无与伦比的恒久魅力，
永远散发着迷人的芳香。

敞开心胸，接纳世界，接纳自己，大气是女人最美的气质。

女人就是要有气质

微阳 ◎ 编著

中国华侨出版社
北京

图书在版编目（CIP）数据

女人就是要有气质 / 微阳编著. — 北京：中国华侨出版社, 2017.12
ISBN 978-7-5113-7277-2

Ⅰ.①女… Ⅱ.①微… Ⅲ.①女性—气质—通俗读物 Ⅳ.①B848.1-49

中国版本图书馆CIP数据核字(2017)第309054号

女人就是要有气质

编　　著：微　阳
出 版 人：刘凤珍
责任编辑：笑　年
封面设计：施凌云
文字编辑：聂尊阳
美术编辑：武有菊
经　　销：新华书店
开　　本：880mm×1230mm　1/32　印张：8.5　字数：177千字
印　　刷：三河市中晟雅豪印务有限公司
版　　次：2018年1月第1版　2018年1月第1次印刷
书　　号：ISBN 978-7-5113-7277-2
定　　价：32.00元

中国华侨出版社　北京市朝阳区静安里26号通成达大厦3层　邮编：100028
法律顾问：陈鹰律师事务所
发 行 部：（010）88893001　　传　真：（010）62707370
网　　址：www.oveaschin.com　　E-mail：oveaschin@sina.com

如果发现印装质量问题，影响阅读，请与印刷厂联系调换。

前言

女人不一定要美丽，但一定要有气质。对一个女人而言，气质的价值远远胜于外表的美丽。外表的美丽就如同昙花一现般稍纵即逝，然而气质却是伴随女人一生的资本，它绝非爹妈天生所赐，它可以通过后天多方面的努力和培养使女人展露风采。所以，一个女人自身的气质如何，可以说完全是把握在自己手中的。

那么，什么样的女人才算得上是有气质的女人呢？罗曼·罗兰说过："气质是很抽象的东西，但是它给人的印象却非常明显。"气质是一种内在的修养，它是思想内涵的体现，洗练出了超凡脱俗的"女人味"。在女人的成长过程中，气质会融入个性，并不断地更新，最终造就女人与众不同的韵味。气质是一种智慧，它在点点滴滴的细节中对女人本身进行着雕塑，让女人散发出迷人的味道，拥有持久的魅力。她们不仅仅是如诗如画的女人，更重要的是她们已学会如何绘织如诗如画的风景。气质女人不依附于男人，不脱离女人本质，在自己能力之内尽量做得更好；气质女人拥有独立的思考能力，拥有美好的理想，也有为这个理想不断付出、持续前进的激情。

气质决定着女人在公众心目中的形象，是女人在现代生活的各个领域中获得成功的必要前提。气质是女人获得幸福的最大资本，在很大程度上决定了女人一生的幸福。现代女人，既要温柔，又要坚强；既要注重内在修养，又要注意外在妆扮；既要幸福的家庭，又要成功的事业；既要奉献，又要善待自己……这些都需要女人在现实的生活中不断修炼自己的气质，只有发掘出属于自己的独特魅力，女人才能找到通往幸福的路径，拥有完美的人生。

如何才能让自己拥有超凡脱俗的气质呢？女人的气质模仿不来、着急不得，它不同于时尚，时尚可以追、可以赶，可以花大钱去"入流"，气质比时尚更恒久，它是一种文化和素养的积累，是修养和知识的沉淀。如果女性与这个世界的关系永远都是通过男人的观点来维系的，女性的行为、女性的审美标准都是男性偏好的一种诠释——以此为标准，女性根本不会获得期望中的气质，只可能沦为众多男性声音中的一个回应。女性要不想成为被男性眼光左右的依赖式女人，成为真正的气质女人，不妨翻开这本《女人就是要有气质》，本书从关注女性自我生存、生活状态入手，对现代女性培养自我气质与修养、内涵与品位的重要方面进行了总结。本书旨在告诉女性朋友们，如何让自己活得更精彩，如何让自己在发挥自我性格优势的同时，拥有更出色的气质。它会让你无论何时都可以做到秀外慧中、优雅贤淑，更能让你从残酷的现实生活中挣脱羁绊、从容自由。

目录

第一章
能做女王，就不要做公主

"安稳"不是女孩最好的归宿 001/

"狠女孩"才能主宰自我 003/　想要什么，就要自己去争取 005/ 学会说"不"，没主见的女人往往没自尊 007/　立独行的你最美 010/ 笑到最后才能笑得最好 012/　培养进取心，让智慧不断升级 014/ 紧握幸福的缰绳 018/　没有意见，不代表没有主见 020/　试试做个 清醒梦 022/　外表要温顺，内心要强大 024

第二章
做个平均值高的精品女人

品位是时间打不败的美丽 028/

钱买不来品位，满身名牌不等于有品位 032/　良好的教养是有品位的 前提 034/　只会白水煮白菜的女人很难成为婚姻中的成功者 035/ 精品女人的3个"本"——姿本、知本、资本 038/　女人的知性美源 于书香 041/　比漂亮女人聪明，比聪明女人漂亮 043/

男人，"娶德"胜于"纳色" 045

I

第三章
将优雅当成一种习惯来培养

怎样做一个优雅女人 049/　优雅女人是这样炼成的 051/
用品位做底蕴的女人最优雅 054/　生命如花,女人就是要美丽 057/
美丽是生产力,要舍得为它投资 059/　邋遢的女人没人看得上 061/
走猫步,不是猫着腰走路 064/　坐姿里也有"美人计" 066/
让对方为你的声音着迷 068

第四章
找回生命的活力

善用女人的资本为自己谋幸福 072/　好女孩和好女人的大误区 076/
找回自己,把握生命主动权 078/　为了幸福勇敢地作出改变 081/
永葆你的别样风情 084/　让老板觉得你是"限量商品" 093/
美丽是女人一生的使命 096/　用细节造就魅力 105/
让真爱与你同行 108/　谁都会爱上满心热忱的女人 113/
做生机勃勃的女人 115

第五章
给自己的情绪安装闸门

别有事没事就玩点"小伤感" 118/　怨恨让女人远离幸福 120/
不嫉妒他人的女人是天使 122/　平静、理智、克制 124/

练就坚忍的意志品质 130/ 为目标而努力，就能达成梦想 135/ 认识忧虑，抗拒忧虑 140/ 对自己用心，回报更大 143

第六章
修炼气场，增强自信

打造自己的外形 148/ 增强吸引力，一出场就有气场 149/ 让自信心不足的人提升自信 153/ 摆脱羞怯心理，增强你的自信 156/ 自抬身价，把自己武装成"绩优股"158/ 自信是成功者的气度，自信满满才能令人信服 160/ 你不服输的形象会打动命运之神 163/ 底气十足先赢三分，开口就将对方吸引住 165/ 让你看起来更强大的 6 个简单策略 167

第七章
一等女人用交际定胜负

孤芳自赏的"冷美人"是交际场上的失败者 170/ 借助高质量朋友提升自己 173/ 别让你的前程毁于糟糕的人际 174/ 机会总会留给那些印象深刻的人 176/ 不要忽视"小人物"179/ "曝光"自己，提高你的身价 181/ 你的前程系在你的嘴上 183/ 做只会唱歌的百灵鸟 185/ 恰到好处的批评是"甜"的 188

III

第八章
性感是一种气质

女人可以不漂亮，但不能不性感 191/
"贝蒂"变身"梦露"，一点点性感就足够 193/ 在一米左右所散发的香味，是最能使人接受的香味 195/ 做"魅"力女人又何妨 197/
温柔是女人百试不爽的终极武器 199/ 一脸娇羞胜过无数情话 201/
女人的香水名片 203/ 具有情调的女人最可爱 206/
做个"疯"情万种的女人 208/ 性感"美人"修炼法则 210

第九章
不要一味标榜内涵而轻视门面

好形象从"头"出发 214/ 3 项建议帮你打造美丽容颜 217/
得体的妆容要遵循"8 字箴言" 221/ 面容修饰，铸出亮丽容颜 223/
不同的脸形，不同的修正美容技巧 225/ 美胸让你丰满自信 228/
美腰法则 233/ 香肩美背锻造法 237/ 用衣服包装自我，用自信打动他人 238/ 女性自信着装的 3 大原则 241/
选对衣服穿出个性品位 244/ 提高自己的衣饰修养 247

第一章
能做女王,就不要做公主

"安稳"不是女孩最好的归宿

平凡的女人,之所以一生无大的成就,因为她一直在追求一种安全平稳的生活,一旦得到,便想固守不求进取了。这样,她一生只会机械地工作,挣来维持温饱的薪金,然后静待死神的光临。

眷恋安稳的女人在开始做一件事情之前,总是会做过多的准备工作。她们认为每一项计划和行动都需要完美的准备。她们只在自己熟悉的领域搭建一个舒适的温室,将"在家靠父母,出门靠朋友"这句话彻底执行。她们不敢向陌生的领域踏出一步,对生活中不时出现的那些困难,更是不敢主动发起"进攻",只是一躲再躲。她们认为,保持自己熟悉的现状就好,对于那些新鲜事物,还是躲远点,否则,就有可能被撞得头破血流。安稳是一个陷阱，让她们丧失了斗志和激情，她们不敢打破现有的生活方式，不敢寻求新的改变，结果在懒散之中松弛了自己的皮肤和精神。

西方有句名言："一个人的思想决定一个人的命运。"做任何事都寻求安全感，不敢挑战冒险，是对自己潜能的否定，只能使自己的潜能不断地缩小。与此同时，安全感会使你的天赋被削弱，就像疾病让人体的机能萎缩、退化一般。

如果女人能够突破"安稳"这一关，尤其在二十几岁的最佳年龄开始奋斗，就可能会有很大的改观。

香奈儿的名字是一个传奇，她从来就不是一个安于本分的人。她的名字后来成为西方女性解放与自然魅力的代名词。香奈儿年轻时是巴黎一家咖啡厅的卖唱女，她经历过一次失败的情感——18岁时当了花花公子博伊的情妇。但她没有就此沉沦下去，而是借助博伊的资金开了三家时装店，使她的服装进入巴黎的上流社会。

对于浮夸与矫情的上流社会，香奈儿的礼服是玛戈皇后装的翻版。香奈儿和她的服装充满了怪异，但也充满了致命的吸引力。有一次，她的长发不小心被烧去几绺，她索性拿起剪刀把长发剪成了超短发。在她走进巴黎舞剧院之后的第二天，巴黎贵妇们纷纷找到理发师给她们剪"香奈儿发型"。无论是香奈儿的香水还是香奈儿的服装，真正的魅力在它们的创造者身上。

30岁以后的香奈儿还清了欠博伊的钱，她独立了。从1930年一直到去世，她都独自住在巴黎利兹饭店的顶楼上，她是世界上最著名的服装设计师之一。

每天晚上睡觉的时候,她唯一需要确定的是,那把心爱的剪刀是否放在床头柜上。她说:"上帝知道我渴望爱情,如果非要我选择,我选择时装。"

香奈儿给女人们的忠告是:"也许我会令你感到惊讶,但归根结底,我认为一个女人若想要快乐,最好不要遵从陈腐的道德。作出这种选择的女人具有英雄的勇气,虽然付出孤独的代价,但孤独能帮助女人们找到自我。我爱过的两个男人从来不了解我。他们很有钱,却不曾了解女人也想做些事。忙碌起来能使你的分量加重。我很快乐,但几乎没人知道这一点。"

在她最后的日子里,她说:"由种种事情来看,我的一生完全正确,我没有丈夫、孩子,但我有一堆财富。"

不安于室给了香奈儿成功的灵感和动机,让香奈儿走出了"安稳"的牢笼,创造了一个经典的品牌。每一个女人,不管你的外表是美还是丑,也不管你的心智是聪明还是愚笨,都要凭着自己的努力去过自己想要的生活,而不要被"安稳"的陷阱温柔地杀死。多一些冒险精神,做一个独立的个体,经济独立、事业有成,这样的女人永远自信快乐。

"狠女孩"才能主宰自我

有人说,女人应对自己"狠"一点,因为"狠女孩"才有福。因为"狠女孩"知道在得失中作出选择,她们敢爱敢恨、敢作敢为。即使要承担许多的痛苦,为了朝着自己的目标前进,她们毫不犹豫,狠下心来去做,直至达到自己的目标。

  她从名校毕业后被分配到一个让人们眼红的政府机关,干着一份惬意的工作。

  好景不长,她开始陷入苦闷,原来她的工作虽轻松,但与所学专业毫无关系。她想辞职出去闯一闯,外面的世界很精彩,但风险太大。她将自己的困惑告诉了她最敬重的一位长者。长者一笑,给她讲了一个故事:

  一个农民在山里打柴时,拾到一只样子怪怪的鸟。那只怪鸟和刚满月的小鸡一样大小,还不会飞,农民就把这只怪鸟带回家给小女儿玩耍。

  调皮的小女儿玩够了,便将怪鸟放在小鸡群里充当小鸡,让母鸡养育。

  怪鸟长大后,人们发现它竟是一只鹰,他们担心鹰再长大一些会吃鸡。那只鹰却和鸡相处得很和睦,只是当鹰出于本能飞上天空再向地面俯冲时,鸡群会产生恐慌和骚乱。渐渐地,人们越来越不满,如果哪家丢了鸡,便会首先怀疑那只鹰——要知道鹰终归是鹰,生来是要吃鸡的。大家一致强烈要求:要么杀了那只鹰,要么将它放生,让它永远也别回来。因为和鹰有了感情,这一家人决定将鹰放生。

  谁知,他们把鹰带到很远的地方放生,过不了几天那只鹰又飞回来了。他们驱赶它不让它进家门,他们甚至将它打得遍体鳞伤,都无法成功。

后来村里的一位老人说："把鹰交给我吧，我会让它永远不再回来。"老人将鹰带到附近一个最陡峭的悬崖绝壁旁，然后将鹰狠狠向悬崖下的深涧扔去。那只鹰开始如石头般向下坠去，然而快要到涧底时，它终于展开双翅托住了身体，开始缓缓滑翔，最后轻轻拍了拍翅膀，飞向蔚蓝的天空。它越飞越自由舒展，越飞越高，越飞越远，渐渐变成了一个小黑点，飞出了人们的视野，再也没有回来。

听了长者的故事，年轻的女孩似有所悟。几天后，她辞去了公职，在社会上打拼，终有所成。

面对安逸的工作环境，年轻的女孩坚定地选择了自己的道路，这就是"狠女孩"的作为。

由此可见，"狠女孩"才能主宰自己的命运，聪明的女孩应该勇敢地做一个"狠女孩"。

想要什么，就要自己去争取

许多女人习惯于压抑自己的个性，她们将内心的需要藏得很深，明明很想要，或者很在意，却总是装作一副无所谓的样子，致使自己错过了很多的机会。可以说，这样的性格不是一朝一夕形成的，但是习惯于以这种方式生存的女人，常常会错过自己的幸福。所以，聪明的女人，想要什么就大胆地喊出来，并且努力实现自己的目标。只有这样，我们才能达成自己的心愿，过上自己想要的生活。

罗马纳·巴纽埃洛斯是一位年轻的墨西哥姑娘，16岁就结婚了。在两年当中她生了两个儿子，之后丈夫离家出走，罗马纳只好独自支撑家庭。但是，她决心谋求一种令她自己及两个儿子感到体面和自豪的生活。

她带着一块普通披巾包起全部财产，跨过里奥兰德河，在得克萨斯州的埃尔帕索安顿下来。她在一家洗衣店工作，一天仅赚一美元，但她从没忘记自己的梦想，她要摆脱贫困过上受人尊敬的生活。于是，口袋里只有7美元的她，带着两个儿子乘公共汽车来到洛杉矶寻求更好的发展。

她开始做洗碗的工作，后来找到什么活就做什么。拼命攒钱直到存了400美元后，便和她的姨母共同买下一家拥有一台烙饼机及一台烙小玉米饼机的店。

她与姨母共同制作的玉米饼非常成功，后来还开了几家分店。直到最后，姨母感觉到工作太辛苦了，便把股份卖给她。

不久，她经营的小玉米饼店成为美国最大的墨西哥食品批发商，拥有员工300多人。在她和两个儿子经济上有了保障之后，这位勇敢的年轻妇女便将精力转移到提高美籍墨西哥同胞的地位上。

"我们需要自己的银行。"她想。后来她便和许多朋友在东洛杉矶创建了"泛美国民银行"。这家银行主要是为美籍墨西哥人所居住的社区服务。如今，银行资产已增长到2200多万美元，这位年轻妇女的成功确实得之不易。

起初，抱有消极思想的专家们告诉她："不要做这种事。"他们说："美籍墨西哥人不能创办自己的银行，你们没有资格创办一家银行，同时永远不会成功。"

"我行，而且一定要成功。"她平静地回答。结果她梦想成真了。

她与伙伴们在一个小拖车里创办起他们的银行。可是，到社区销售股票时却遇到另外一个麻烦，因为人们对他们毫无信心，她向人们兜售股票时遭到拒绝。

他们问道："你怎么可能办得起银行呢？我们已经努力了十几年，总是失败，你知道吗？墨西哥人不是银行家呀！"

但是，她始终不愿放弃自己的梦想，始终努力不懈。如今，这家银行取得伟大成功的故事在东洛杉矶已经传为佳话。后来她的签名出现在无数的美国货币上，她由此成为美国第三十四任财政部长。

通过上面这个故事，我们可以看出，在女人成就梦想的路上，总是会遇到很多的困难，也经常会有人提出异议。可是，只要我们勇敢地喊出自己的目标，并且拿出勇气应对一切困难和挫折，那么我们就能摆脱一切困难，实现自己的目标。

当然，社会的发展还没能让我们摆脱"淑女"的枷锁，女人像男人一样在社会上打拼，也常常会得到身边人的不解。但是，周围的一切不过是社会给予女人的"精神监牢"，只有勇敢地打破它，女人才能获得自由和快乐。

学会说"不"，没主见的女人往往没自尊

在与人交往的过程中，我们经常会遇到很多自己不愿意做

的事。这时，只要我们轻易地说出一个"不"字，也许就能轻松、坦然了，但有些人就感觉这个"不"一字千金，憋足了劲也说不出口，结果苦了自己，也苦了别人。所以，该说"不"时，我们要毫不犹豫、斩钉截铁地说"不"。

身边常有这样的女人，一味地照顾别人的感受，凡事都习惯于说"Yes"的女人，经常给别人面子，认为那是一种对别人的尊重。然而，她们没有意识到，自己这样做却没有得到别人的尊重。聪明的女人应该学会如何果断而尊重地拒绝。

米勒刚参加工作不久，姑妈来到这个城市看她。米勒陪着姑妈把这个小城转了转，就到了吃饭的时间。

米勒身上只有50元钱，这已是她所能拿出来招待姑妈的全部资金，她很想找个小餐馆随便吃一点，可姑妈却偏偏相中了一家很体面的餐厅。米勒没办法，只得硬着头皮随她走了进去。

俩人坐下来后，姑妈开始点菜，当她征询米勒意见时，米勒只是含混地说："随便，随便。"此时，她的心里七上八下，衣袋中仅有的50元钱显然是不够的，怎么办？

可是姑妈一点也没注意到米勒的不安，她不停地夸赞着可口的饭菜，米勒却什么味道都没吃出来。

最后的时刻终于来了，彬彬有礼的侍者拿来了账单，径直向米勒走来，米勒张开嘴，却什么也没说出来。

姑妈温和地笑了，她拿过账单，把钱给了侍者，然后盯着米勒说："米勒，我知道你的感觉，我一直在等你说不，可你为什么不说呢？要知道，有些时候一定要勇敢坚决地把这个字说出来，这是最好的选择。我来这里，就是想让你知道这个道理。"

有人认为面对别人时，很难说出拒绝的话语，若不拒绝又实在无能为力。如此一来，只好勉强答应，结果发生后悔的情形就相当常见了。

事实上，那些不敢说"不"的人其实是自己意志不坚的表现。他们通常认为断然拒绝对方的请求未免显得太过无情，而若是在答应后方觉不妥，且又力不从心难以履行诺言时，再改变心意拒绝对方，显然已经太迟。因为，等无法做到允诺的事情，再提出拒绝，给人的印象更糟。甚至需要付出相当的代价去弥补缺失或兑现承诺。如果这件事只限于个人的烦恼，还称得上不幸中的大幸，就像米勒那样，姑妈只是想考验她、教育她。若是换成朋友真想让米勒请客，那就会发生不愉快的情形，甚至产生难堪，演变成双方人际关系上的对立与冲突，岂不更得不偿失？

当你不得不拒绝别人时，也要讲究礼貌，这对于你的形象是大有益处的。人都是有自尊心的，一个人有求于别人时，往往都带着惴惴不安的心理。如果一开口就说"不行"，势必会伤害对方的自尊心，引起对方强烈的反感，而如果话语中让他感觉到"不"的意思，从而委婉地拒绝对方，就能够收到良好的效果。所以掌握好说"不"的分寸和技巧就显得很有必要。

敢于说"不"的人是果断的人，做事情不会拖泥带水、犹豫不决；敢于说"不"的人是有主见、有魄力的人。当然随意说"不"的人也可能是轻率而怕负责任的人。我们需要的是在慎重考虑以后，权衡利弊以后的断然否决。敢于说"不"是需要勇气的，很多不敢说"不"的人往往缺乏勇气，顾虑太多。

敢于说"不"是一种人格魅力，能给自己树立一个硬朗的形象。因为敢于说"不"是对自己的负责，也是对别人的负责。

特立独行的你最美

上天赐予我们每个人最珍贵的礼物就是独一无二的脸孔和个性。世界上所有珍贵的东西，都是不可仿制也无需仿制的。

成功女性往往都具有独特的个性，无论是着装打扮、言谈举止，还是思维方式、处世风格，都与众不同。正是因为有了这许许多多的"不同"，才孕育出了她们不同凡响的成功。因此，每个想要成功的女性，都应该坚守自己的个性，保持自己的本色。

"保持本色的问题，像历史一样的古老，"詹姆斯·高登·季尔基博士说，"也像人生一样的普遍。"不愿意保持本色，即是很多精神和心理问题的潜在原因。安吉罗·帕屈在幼儿教育方面，曾写过13本书和数以千计的文章，他说："没有比那些想做其他人和除他自己以外其他东西的人更痛苦的了。"在个人成功的经验之中，保持自我的本色及以自身的创造性去赢得一个新天地，是有意义的。你和我都有这样的能力，所以我们不应再浪费任何一秒钟，去忧虑我们不是其他人这一点。

你是独一无二的，你应该为这一点而庆幸，应该尽量利用大自然所赋予你的一切。说到底，所有的艺术都带着一些自传色彩，你只能唱你自己的歌，你只能画你自己的画，你只能做一个由你的经验、你的环境和你的家庭所造成的你。不论情况怎样，你都是在创造一个自己的小花园；不论情况怎样，你都得在生命的交响乐中，演奏你自己的小乐器；不论情况怎样，你都要在生命的沙漠上数清自己已走过的脚印。

玛丽·玛格丽特·麦克布蕾刚刚进入广播界的时候，想做一个爱尔兰喜剧演员，结果失败了。后来她发挥了自己的长处，做一个从密苏里州来的、很平凡的乡下女人，结果成为纽约最受欢迎的广播明星。

著名世界影星索菲亚·罗兰第一次踏入电影圈试镜时，摄影师抱怨她那异乎寻常的容貌，认为她的颧骨、鼻子太突出，嘴也太大，应当先去整容一下再试镜。她却说："我不打算削平颧骨、换个鼻子和嘴巴，尽管你们摄影师不喜欢灯光照在我脸上的样子。要解决这个问题，不是我去整容，而是你们要好好琢磨琢磨应当怎样给我拍照。我认为，如果我看上去与众不同，这是件好事。我的脸长得不漂亮，但长得很有特色。"这就是自信自爱、特立独行。

在每一个女人的成长过程中，她一定会在某个时候发现，羡慕是无知的，模仿也就意味着自杀。不论好坏，你都必须保持本色。个性是一笔财富，一个可爱的个性，会让你一辈子受益无穷。

"尺有所短，寸有所长"，各人有各人的优势和长处，没有必要拿自己和别人去对照，更没有必要通过自己的有意对比给自己造成某种压力。

个性就是特点，特点就是力量，力量就是美。

笑到最后才能笑得最好

如果世界上只有一种人可以获得成功，那他一定是坚持到底、执著追求自己理想的人。

女人在最初的意气风发中，渐渐走向生活的围城，失去快乐的笑声。平常许多女性做事都是半途而废，总是不能坚持到最后。许多年轻的女性都似乎有着这样的通病，就是凭一时冲动想干什么，就急不可耐地立即去干，可热度还未持续多久，兴头过了，就说什么也不再干了。这是一个极其严重的毛病，它令女人失去定性。女人若凡事轻率鲁莽，最后只能导致疲惫与倦怠，在生活中苍老得太快。只有坚持到最后的人才能获得胜利。

丁玲说过："女人，只要有一种信念，有所追求，什么艰苦都能忍受，什么环境也都能适应。"只有执着的人才能坚持追求自己的目标，才有一股势不可挡的锐气。成功只会属于执著追求的人。史玉柱说："一个人一生只能做一个行业，而且要做这个行业中自己最擅长的那个领域。"也正是因为史玉柱这种找准目标就坚持不懈，用毕生的经历去追求目标的信念，才能让他笑到最后。

成功的女人往往是那些把自己逼上一条轨道的人，她们别无选择，只有执著一心地往前走！而走向平庸的女人则往往是因为无法在繁重和琐碎中继续坚持，以至于"蜻蜓点水"，凡事都流于肤浅。

苏格拉夫顿女士是美国著名的侦探小说作家，她讲述了自己的成名之路。

"如果25年前就有人告诉你，你将得到你想得到的一切，但是你必须等到25年后，你那时会作何感想？而眼前的路你又该如何走下去？"

她1915年底带着成为一位名作家的梦想来到了纽约，但纽约给她的第一份礼物就是失败。她寄出去的文章都被退回。但她没有放弃，仍怀着梦想不停地写作，走遍了纽约的大街小巷，奔波于各个杂志社、出版社之间。当希望还是很渺茫的时候，她没有说："我放弃，算你赢了。"而是说："很好，纽约，你可能打倒不少人，但是，绝不会是我，我会逼你放弃。"她没有像别人那样，碰到一次退稿就放弃了，因为她决心要赢。4年之后，她终于有一篇文章刊登在周六的晚报上，之前该报已经退了她36次稿。

随后，她得到的回报更是一发而不可收。出版商开始络绎不绝地出入她的大门。再后来是拍电影的人发现了她。她的小说在改编后被搬上了屏幕，她在短期内富裕起来。

生活中总有许多不如意的事情。年轻女人初出茅庐，碰壁的机会更大。但只要我们学会坚持，在生活、工作中坚持微笑着面对困难，考研不成功，我们可以总结经验教训继续努力；工作不如意，那只是我们走向成功的必经之路，继续坚持，总会走出职场困境；想要美丽、想要气质，这个过程并不痛苦，我们只要怀着美好的想象，就会在过程中体会到快乐；感情上的冰河期，其实是因为我们对彼此都开始了解，并且把全部赤诚展现给对方的一种磨合，从来夫妻吵架都是床头吵床尾和，何况无伤大雅的小吵还是增进感情的"契机"……

做事切莫三分钟热度，有时需要持之以恒的执著。因为胜利往往在那最黑暗的时刻降临，回报也恰恰容易在你已经快绝望时给予，彩虹就会在风雨之后出现。

所以我们不必为一些小问题而苦恼，坚持用微笑面对，一切问题都不再是问题，我们也能够笑到最后。

培养进取心，让智慧不断升级

进取着的女人是美丽的，这种美丽是不可替代的。进取赋予了女人自立自强的人格魅力。如果把年轻靓丽的容颜比作花朵的话，那么经过进取历练的气质美便是从花朵中提炼出来的精华。前者娇嫩易逝，后者却历久弥香。要知道，事业上执著的信念、淡定的心态和宽广的胸怀，是修炼女性气质之美的三大法宝。有了它们，进取就无时无刻不在为女人化妆，使进取中的女人更美丽、更幸福。

如今，现代文明是越来越丰富了，也给予了每个人更加宽广的活动舞台。女人开始走向职场，和男人一样打拼，一样渴望成功。在各行各业也的确涌现出许多女性成功者。她们不仅事业上可以与男子比肩，生活上也相当圆满，她们代表着当前时代的特征——干练、简明、高效和精彩，成了这个社会大舞台中最亮丽的一道风景，也成为每一位渴望进步的女人学习的典范。

她们之所以能把生命经营得如此精彩，就在于她们能够不断进取，不断充实自己。

"打工皇后"吴士宏其貌不扬，却名声在外。她是第一个成为跨国信息产业公司中国区总经理的内地人，是唯一一个取得如此业绩的女性，也是唯一一个只有初中文凭和成人高考英语大专文凭的总经理。

她是如何取得这份不平凡的成功的呢？用她自己的话说，就是一分野心、两分努力。"没有一点雄心壮志的人，是肯定成不了什么大事的。"吴士宏生于20世纪60年代，十几岁时的她一无所有。1979年到1983年，吴士宏又得了白血病，经过一次又一次的化疗，她的头发几乎掉光。大病过后，她才恍然觉得：自己的生命必须重新开始，因为生命也许留给她的时间并不宽裕了。就是从那时起，吴士宏开始萌发了她的一个想法：要做一个成功的人。从此，吴士宏以顽强的毅力开创起自己的新生活。

她仅仅凭着一台收音机，花了一年半时间学完了许国璋英语三年的课程，拿到了走向新生活的"入门证"，并开始谋求一份新的职业。在自学了高考英语专科的毕业前夕，她以对事业的无比热情和非凡的勇气通过外企服务公司成功应聘到IBM公司，而在此前外企服务公司向IBM推荐过好多人都没有被聘用。

吴士宏虽然没有高学历，也没有外企工作的资历，但她有一个信念，那就是："绝不允许别人把我拦在任何门外！"面试那天，吴士宏来到了五星级标准的长城饭店，坚定地走进了世界最大的信息产业公司IBM公司北京办事处。吴士宏顺利地通过了笔试和口试两轮严格的筛选，成了这家世界著名企业的一个最普通的员工。

在IBM工作的最早的日子里，吴士宏扮演的是一个卑微的角色，沏茶倒水，打扫卫生。她曾感到非常自卑，连触摸心目中的高科技象征的传真机都是一种奢望。吴士宏仅仅为身处这个安全又能解决温饱的环境而感宽慰。

然而这种内心的平衡很快被打破了，在那样一个先进的工作环境中，由于学历低，她经常被无理非难。她曾被门卫故意拦在大楼门口，也曾被人侮辱为"办公室里偷喝咖啡的人"。她内心充满了屈辱，但却无法宣泄，吴士宏暗暗发誓："这种日子不会久的，绝不允许别人把我拦在任何门外。"事后吴士宏对自己说：有朝一日，我要有能力去管理公司里的任何人。为此，她每天比别人多花6个小时用于工作和学习。经过艰辛的努力，吴士宏成为同一批聘用者中第一个做业务代表的人；继而，又成为第一批本土经理，第一个IBM华南区的总经理。

吴士宏，已经不再是那个可以被流言蜚语随意中伤的弱女子，她已经在与命运的斗争中练就了更加坚毅的性格。

　　人生旅程就是一段漫长的奋斗过程，就是一段自我创造、自我完善的过程。每个人都在自己的生活道路上撰写着自己的人生篇章，只有那些经历过风吹雨打、体验过失败的考验的人生著作，才是最好的著作。

　　进取着的女人是美丽的。进取，让女人走出了狭小的家庭生活空间，让女人的视野开阔，心也随之澄明起来；进取，让女人发现了更能凸显自己个性价值的方式；进取，也最能让女人找到自己的尊严。面对一个自尊自爱、自立自强的女人，相信每一个人都会由衷赞叹她的美丽。

　　在这类女人的身上，首先打动人的是信念。信念是她们对进取的热爱和理解，是她们面对挫折、打击时，仍然在内心深处固守的一份执著的勇气。有了这样的信念，才会真正明白拥有一份进取的意义，并真正地和这份进取融为一体。其次是淡定的心态。一种宠辱不惊、未来尽在掌握的优雅，直面困境，笑对冷语嫉妒，并以微笑感染身边的人。这种发自内心的灿烂的影响力，远胜所有驻颜良药。再次是宽广的襟怀。高速的生活节奏让人们几乎忘记体谅、忘记感动，而她们却懂得时时体谅他人，赢得尊重。

　　因此，我们可以这样认为，一个人在社会大舞台上的活动越是频繁，她对社会的价值就越大，她的人生意义也就越大，她的生活就越精彩。亲爱的女性朋友们，你想出落得更精彩吗？用十二分饱满的精力和毅力投入你所做的事业上，不断进取，胜利正在你前面向你招手！

紧握幸福的缰绳

很多时候，我们一直默默地喜欢一个人，为他高兴，为他暗自心伤，女人的爱就像默默开着的花朵一样很寂寞，却又很纯情。当有一天，看到他牵起了一个女人的手从你的身边走过并幸福地向你打招呼，于是，顷刻间心碎了。而很多时候爱情就近在咫尺，只是我们没有足够的勇气去用手抓住如此之近的幸福。

电影《四月物语》讲述的是一个发生在17岁美丽少女榆野卯月身上的"爱的奇迹"，因为暗恋学长，成绩不佳的她努力考取了学长所在的武藏野大学。影片的开始便是女主人公站在飘满樱花的东京街头，开始了她向往已久的大学生活，也开始了她对爱情的执着找寻。镜头一直以一个旁观者的身份注视着这个内心被爱的秘密填得满满的女主人公的日常生活：从她搬入东京的新居，到她在新班级里作自我介绍，到她参加钓鱼社的活动，到她在电影院外被陌生男子尾随……直到她被在书店打工的学长认出后，她才终于有勇气伴着淋漓的雨声对学长说出"对我来说，你是很出名的"。在这一场痛快淋漓的大雨中，影片缓慢平淡的节奏突然因为女主人公秘密的揭开而掀起了高潮，而电影也就此走向了尾声。故事很唯美，看上去又很伤感。

今日女性追求属于自己的一份爱情，不应该再这么吃力，这么无助，这么被动。

爱，除了心灵的感应与感觉外，还应有行动的表白，不论是爱或者被爱，都是一件幸福的事。可幸福不是等来的，它需要努力，需要创造。如果你还相信"女人只要安静等待，真命天子就会从天而降"的神话，就明显已经和现在的社会脱节了。随着女性地位的逐步提高，自卑、怯懦不应和新时代的女性相伴。如果爱，就要敢于表白。表白对于一份爱情的开始十分重要。因为骄傲放不下面子，不肯先向对方示爱，这又何必呢？示爱并不是示弱，假如这段感情幸运地开始了，先示爱的一方也并不就是低人一等，敢于表白的人才能掌握自己的情感轨迹，才能抓住自己的幸福！

当你遇到自己喜欢的人，在什么都没有开始时，如果以为"他不一定喜欢我"，那么你可能会真的失去他，永久地失去选择的机会。

害怕被拒绝也大可不必，女人需要做的是克服自己自卑不安的想法和自愧不如的心理。不要坐在电话机旁犹豫不决，事实上，只要你勇敢地拨一次电话，事情就会完全解决了，你也就将彻底摆脱忧心如焚的处境。即使遭到拒绝，也不算是什么大不了的事情，你只要保持轻松、宽容的心情就能度过情绪不稳定的日子。如果你什么都不去做，却只是终日停留在忐忑不安中，猜测他的心意，又有什么意义呢，为什么不给自己一点主动权呢？

被拒绝并不代表你有什么过失，也许他心中另有所属，而他恰恰是个忠诚的爱人；也许他目前为事业忙得焦头烂额，根本无暇分心经营爱情；也许他最近情绪不佳，偏偏你又撞在枪口上。所有这些都与你无关，不要因为被拒绝就觉得被判了死刑，失去了追求爱情和幸福生活的勇气。

如果爱就请深爱，用自己的勇气去抓住自己的幸福。很多时候幸福只是一个转身的距离，你抓住了就可能幸福一生，如果错过了就像流水一样一去不复返了。人生不给你后悔的机会，所以，女人要抓住自己身边的幸福，一句话，一辈子。

没有意见，不代表没有主见

女孩跟同学一起出去，同学问她："你想吃什么？"

"什么都可以。"

"咱们吃了饭去逛街吧。"同学提议。

"好的，我没意见。"女孩回答。

"你有什么买的吗？"

"目前还没有，到时候再看吧。"

女孩的回答，让同学有些扫兴。在同学的眼里，她是一个没有主见的人，做什么事情都没有自己的主意。其实，女孩只不过是没有发表自己的意见，并不是没有自己的主见。因为在女孩心里，像买衣服吃饭这一类的事情，并没有必要较真。对于人生中的大事，女孩就不会犹豫了。

许多女孩都与故事中的女孩一样，一旦做了决定，即使身边的人再怎么反对，都不会动摇她们的信念；不管自己的选择将面临怎样的困难，她们都不会放弃。

许多年前，一个妙龄少女来到东京酒店当服务员。这是她的第一份工作，因此她很激动，暗下决心：一定要好好干。但她没想到，上司竟安排她洗厕所。

这时，她面临着人生的一大抉择：是继续干下去，还是另谋职业？如果自己做第一份工作就打退堂鼓，那么以后遇到更大的问题怎么办？她不甘心就这样败下阵来，因为她曾下过决心：人生第一步一定要走好，马虎不得！

这时，同单位一位前辈及时出现在她面前，他帮她摆脱了困惑、苦恼，帮她迈好这人生第一步，更重要的是帮她认清了人生路应该如何走。他并没有用空洞理论去说教，而是亲自做给她看。

首先，他一遍遍地刷洗着马桶，直到洗得光洁如新；然后，他从马桶里盛了一杯水，一饮而尽，毫不勉强。实际行动胜过万语千言，他不用一言一语就告诉了少女一个极为朴素、极为简单的真理：光洁如新，要点在于"新"，新则不脏，因为不会有人认为新马桶脏，也因为马桶中的水是不脏的，是可以喝的；反过来讲，只有马桶中的水达到可以喝的洁净程度，才算是把马桶刷洗得"光洁如新"了。

看到这一切，她痛下决心：

"就算一生洗厕所，也要做一名洗厕所最出色的人！"

从此，她成为一个全新的、振奋的人，她的工作质量也达到了那位前辈的高水平，当然她也多次喝过马桶水——为了检验自己的自信心，为了证实自己的工作质量，也为了强化自己的敬业心。

她就是日本前邮政大臣——野田圣子。

野田圣子在政坛上拥有很大的影响力，可是她从来都不曾忘记自己在做第一份工作时所面临的选择。她说："当时很多人都想让我放弃，但是我坚持了自己的意见，现在我感谢我的主见，让我在以后成了一个对社会有用的人。"

大多数成功的女人都是有主见的人，她们不会因为周围的人说什么就动摇自己的信念，更不会因为别人说"不"就停止自己前行的脚步。

在生活中，聪明的女孩经常不发表意见，好像什么事情都没有主意，其实她的内心并不是没有主见，而是没有遇到让她在意的事情。对于人生的重大事情，聪明的女孩会比任何人都有主见。

试试做个清醒梦

有的女孩总是在"清纯"的梦里不想醒来，她们不喜欢"世故"，不喜欢"精明"，在她们的心里，一尘不染的小龙女远比精明世故的黄蓉更让人怜爱。年轻的女孩总向往一种不食人间烟火的浪漫，但清纯的仙子不是人人都能扮演的角色。既然红尘十万丈，怎可能遗世独立？

女孩们，试着做个清醒的梦，及早学会世俗。

我们当中的大多数人在生活中扮演着"凡夫俗子"的角色，比不上那些豪门千金，含着金汤匙出生，养在深闺，众星捧月，不用自己洗手做羹，不必为柴米油盐困扰，金钱的充裕给了她们心想事成的环境，她们当然有闲情逸致和条件来"清高"。可是豪门从来是非恩怨多，豪门里的世界也不清净，一个人情世故半点不通的人，怎可能舒舒服服地坐在豪华别墅里喝着咖啡安享太平？

　　再看看那些影视明星，屏幕前清丽可人、不染纤尘，屏幕后呢？当明星的总免不了要应酬周旋，否则别说出名难，就是出名后想继续红下去也难！一味地"清高"摆谱，一副高高在上拒人于千里之外的神情，谁来捧场？

　　书香世家的女子，也并非人们所说的那样"两耳不闻天下事，一心只读圣贤书"。她们有着良好的家教和修养，但这只是个人气质的辅料，若想在人群中闪闪发光，少了智慧和谋划也是不行的。

　　所以说，每个人都不能避免世俗的罗网。也许人人艳羡张爱玲的高傲，但是，女孩们可否知道她年轻时经历乱世，隐居美国空守寂寞？张曼玉也是在香港错综复杂的演艺圈中历练一番，才从一个花瓶成为经典的代名词。

　　不经历世俗，就开不出脱尘的花朵。现在有的女孩在别人的家里捏着鼻子嫌脏，吃个柿子也要翘着兰花指一点一点地撕皮，会在别人伸出热情的双手时高傲地扭过头去，插着两手爱答不理。这些人不屑为一点血汗钱哭天喊地，更不会为了一点小钱跟别人争论得面红耳赤。

但是，这些在二十几岁时不懂得世俗的人，往往在三十几岁忙碌不堪，懊悔不已。她们在那个时候才发现，原来年轻时一直轻视的东西，竟然是那么的重要。于是，她们开始后悔，为什么当初不早一点懂得世俗？

年轻女孩，如果想要在未来拥有幸福，如果想在年老的时候回想过去，没有留下遗憾，现在就要试着做清醒的梦，早日摆脱对生活浪漫的幻想，开始学会世俗。当然，这里不是说只有世俗的人才能拥有优雅的生活，不是满身铜臭的人才能拥有幸福的人生，而是说，不要对金钱和现实存有心理洁癖，了解生活并且认真生活，才不至于在年华老去时还疲于奔命。

外表要温顺，内心要强大

美国前总统老布什的妻子芭芭拉是一位很坚强的女性，面对家庭诸事，她总能沉着应对。她患有甲状腺炎，布什也有心脏病，女儿多罗蒂离婚、儿子尼尔职位被解除，特别是1953年女儿罗宾死于白血病，但这一切都没有压倒布什夫人，她总是竭尽全力保护他们。有一次，布什出席一个宴会时突然晕倒，在场人员不知所措，芭芭拉却当机立断，打电话叫急救车，亲自送丈夫去医院。

坚强，是每一个成功人士必备的品质之一。《易经》曰："天行健，君子以自强不息。"也许有时候，我们无奈于生命的长度，但是坚强能够让我们选择生命的宽度与厚度。在这个世界上，我们会遇到赏罚不公，会遇到就业压力，会遇到竞争，会遇到病魔，会遇到……但是，女人可以运用自己手中坚强的画笔，为自己在逆境中描绘一片属于自己的蓝天，为自己绘出红花绿草，清风习习。

2004年3月8日晚上，中央电视台《半边天》节目对6位女性做了访谈。

第一位是一个阿姨辈的女人——王自萍，54岁。但是她的状态，也可以说是心态，丝毫不亚于年轻人，甚至强过年轻人。她的乐观、自信、热情，瞬时感染了现场及电视机前的观众，也让人们羡慕不已。她是退休后，以不惑之年闯北京的，在这之前，她坚决地结束了一段不幸的婚姻。到了北京，种种努力自不必说，她终于做上了一家会计事务所的经理，通过了三项非常困难的资格认证考试。工作之余，她有着同样精彩的业余生活，她的幸福是每个人都可以感受到的，我们从她风趣的话语中知道了幸福的来源——坚强。

还有一个残疾姑娘，她身上所拥有的自信同样让她光彩照人。她来自石家庄，尽管残疾，但偏偏是个不服输的人。为了做一名职业歌手，她坐着轮椅跑到了北京，要实现自己的梦想。

设想一个四肢健全的人假若要到北京生活，都有那么多的艰难，何况她一个残疾人。她有一千个不会成功的理由，但就有一千零一个成功的理由给予了她成功。她现在是一名签约歌手。这一千零一个理由便是永不放弃，坚强。主持人问："上帝为什么要给你一个这样的命运？"她说命运只是要她活得更艰难一点。她在地铁站中的歌声嘹亮而高亢，远远地听去，就像是对命运的宣战。坚强是她的武器，任何困难都不能逃过她的冲击。

她是云南昆明一家饭店的老板，手下有200余名员工，有2000多平方米的大楼。主持人关于她身家的渲染并没有引来多少人的羡慕，大家的心情很快被她的叙述所吸引。她有一个不幸的童年，险些被母亲以400元的价钱送人，从此她与母亲断绝了关系。这之后便是如何努力，如何奋斗，才有今天的成就。在她身上，所洋溢的依然是坚强二字。

人生不可能一帆风顺，所以自从你有自我意识的那一刻起，你就要有一个明确的认识，那就是人的一辈子必定有风有浪，绝对不可能日日是好日、年年是好年。当你遇到挫折时，不要觉得惊讶和沮丧，反而应该视为当然，然后冷静地看待它、解决它。

很多女人遭逢生命的变故时，总会不停埋怨老天："为什么是我？""为什么我就这么倒霉？"……即使哭哑了嗓子，事情也不会无缘无故地好转，所以要坚强地面对。碰到令人伤心的事情发生时，你第一个念头要告诉自己："它来了！这是必经的过程，只有自己能帮助自己，所以我要勇敢面对，现在就想办法处理！"不断用心灵的力量来为自己打气，然后要比平时更精神百倍，才能让自己走过生命的黑暗期，迎向灿烂的明天。遇到困难时，越是坚强的女人，越有一股让人尊敬与心疼的魅力。唯有自己表现得更坚强，别人才能帮助你。

坚强也是一把双刃剑，多则盈，少则亏。少了坚强做伴的女人，或是唯唯诺诺，没有自我；或是哀哀怨怨，陷在一件可小可大的事里,挣扎在一段越理越乱的感情里不能自拔。只有坚强的女人,为了坚强而追求着坚强,从不停下脚步,坚强于她只是一种习惯。

  总而言之,女人要活得自我,活得幸福,坚强是第一要素。不管你的外表多么柔顺,多么小鸟依人,有一颗坚强的内心,女人才能活得更加精彩。因为它就是一把开山的斧,远航的帆。面对挫折或者失败,女人更需要的是从失败中站起来,微笑着面对风霜的袭击,用宽阔的胸怀去拥抱挫折。女人用怀抱守护心灵的沃土,懦弱才不会乘虚而入,灵魂才会在美好的港湾停泊、歇息。

第二章
做个平均值高的精品女人

品位是时间打不败的美丽

　　每个女人都渴望成为一个有品位的人，因为真正的品位，会使终日蒙尘的生活闪闪发亮。执着于品位的女人是热爱生活的人，追寻有品位生活的女人，绝对是优雅与别致的女人。我们从来不会吝啬把"美女"的头衔给一个女人，而我们却很少夸一个女人有品位。

　　高品位是内涵的外在表现。因为一个人的品位，是与其环境、经历、修养、知识分不开的。只有有意识地培养良好的修养，积累丰富的知识，才能有充实的内心世界，才能表现出高尚的思想和高雅的品位。有品位的女人是善良、机智的，又是成熟的；而且知识广博丰富，思想深刻充实，谈吐文雅大方，衣着雅致得体。女人可以容忍男人有种种缺点，却不会容忍男人无所事事。反之亦然，男人可以容忍女人没有工作，没有收入，没有好的家世相貌，但绝不会容忍一个不学无术的女人作为自己的另一半。

而且，不学无术的女人也就失去了自身的魅力，更谈不上品位二字。一个只会注重着装打扮的女人是浅薄的，内涵是空虚的，底蕴是单薄的。想要依靠男人的女人是脆弱的，她失去了自我，成为别人手中的玩偶，命运之线也就操控在别人的手中。真正有品位的女人，绝对不会让自己陷入这样的境地。

凌菲菲是一家知名房产集团的副总裁，几年前，她到一个破产拍卖的机械厂考察。这里到处是散布的大树和杂草，还有一些废旧的机械和厂房。在别人眼里，这块地方改造难度太大。但凌菲菲决定把这个破旧的花园式工厂彻底改造成一个低密度、高品质、50%原生态绿化覆盖率的大型艺术生态居住小区。

她请12名国内外知名艺术家以工厂原有的机器设备、生产的产品零部件为原料开始创作，那些原先看起来毫无用途的破旧厂房和废旧机器竟然成了园区的点睛之笔。为了保护分散生长的树木，她邀来美国某知名大学景观设计系主任做技术指导，再请来园林工人，将这些大树进行全冠移植。造房挖出的土，也被她像宝贝一样保存起来，而且还专门安排了两个人每天浇水。土里有很多珍贵的树种和草籽，可以让新建小区充满自然的野趣。不久，小山一样的土堆已经长满了不知名的野花和狗尾巴草。

这就是凌菲菲的品位。她不会跟风去做什么"欧式风""小镇系列"等楼市概念，而是在复杂细节中融合历史文化和现代技术，使自己的房子既有极高的品质，也凸现出大气的现代风格。这个生态小区一经推出就引发了购房热潮。凌菲菲的事业获得了巨大的成功。

从凌菲菲的故事中，我们可以得到，女人的品位其实是与她的博学程度相联系的。所以，不要做一个除了基本生活技能外什么都不知道的女人，多懂一些知识，就会多一些品位，让自己成为一个成功的女人。

人们常说，做人要有气质，做事要有风格。作为一个女人，也要有自己的特色。纯真的气质洋溢着女性深邃的内涵，高雅的风采闪烁着赏心悦目的亮光，这就是"女人的品位"。就像凌菲菲以独到的品位创造了自己事业的辉煌。

有品位的女人会用自己的眼睛发现身边的美，并用心去感受它。其实品位的培养并不复杂，每一个注重细节打造的女人，都有机会成为品位女人。一瓶花、一杯茶、一首歌……都可以在无形中烘托出一个品位女人。

插花是有品位的女人的一堂必修课。把大自然的绿色和鲜花带回家，通过自己动手和布置，可以调剂生活、陶冶情操。在安静的房间里，让自己平静，看着摊开一桌的香艳花草，赏心悦目，为平凡的都市生活增加典雅的意味。

音乐是有品位的女人应具备的艺术素养。在假日悠闲的午后，沏一壶绿茶，闭上眼睛，走入音乐的世界。想象自己正漫步在斜阳下的山坡上，沐浴着清香的微风；或是静坐在斜阳西照的花园里，回想往事……经典音乐，使女人如醍醐灌顶，一切烦躁都变得云淡风轻。

茶道让有品位的女人心灵更安静。好茶一壶，能让女人的心更加宁静，散发柔美内涵和女人独有的味道。在闲暇之余，还会领悟到其他的一些东西。闲暇之余，泡一壶好茶，约二三知己，一盏香茗，促膝清谈，只谈风月，无关名利，享受这滚滚红尘里片刻的柔软时光。

读书让有品位的女人更充实。腹有诗书的女人，好比一坛尘封已久的女儿红，打开来，香气扑面而来，令人迷醉。经典的书籍能让你洞察世事的通透。你的文字使你与众不同，在你的身上呈现出一种高雅，一种"可远观而不可亵玩"的清冽。腹有诗书的女人，历久弥新，回味悠长。

厨艺让有品位的女人更幸福。系上漂亮围裙，挽起缕缕长发，走进清淡雅致的厨房，切丝削片，快炒慢炖之间打点出曼妙美味，或是煲一个好汤，与心爱的人一起分享，又何尝不是女人的另一种韵味呢？为了爱，倾尽手艺，烧一桌好菜，更能使女人赢尽爱人的心。

装扮让品位女人更美丽。可可·夏奈尔"永远要以最得体的打扮出门，因为，也许就在你转弯的墙角，你会遇到今生至爱的人"。这可以理解为女人装扮的最高境界：不能放过每个细节，一秒钟都不能懈怠。装扮是女人的第二语言，哪怕不交谈，它也一目了然地告诉别人，你的职业、品位、个人气质和文化层次。所以，即使是周末的午后，在阳台的躺椅上小憩，也要穿上最雅致的便服。

旅行让有品位的女人更悠闲。对于女人来说，旅行是漫无目的地行走，直到遇到好风景、好人情，再也迈不开步伐。女人的旅行没有计划，没有日程，走到哪里都是欣喜。在日复一日的工作里，也要懂得放下手头的文件，走出去，享受艳阳天，晾晒自己发霉潮湿的心情。在山野的风里自在地呼吸，你会发现世界的美丽。

女人的品位，是时间打不败的美丽。

钱买不来品位，满身名牌不等于有品位

一个房地产投资方面的天才发现，在越来越多的场合，自己被要求发表讲话。例如，对各种各样的商业人士、投资者以及顾客群体等。然而，因为他对于自己的形象缺少自信，对于应当选择什么样的衣服出席这种场合，他非常没有把握。他让助理为他购置了许多名牌时装，阿玛尼、路易·威登、罗夫·罗伦应有尽有，可是每次出场仍然得不到别人的认可。很明显，在着装的品位上，他远不如在商业领域里的职位那么高。

为此，他非常苦恼，终于有一天，他鼓起勇气去拜访一位著名的形象设计师。当设计师第一眼看到他时就已经找出症结所在，于是这位设计师简单地给他讲了一些关于着装的基本内容，比如合适而非保守的着装等。等他再一次见到这位设计师时，已经以一个成功的职业形象生动地出现在他面前了。他买了几套上好的羊毛套装、全新的衬衫（纯粹的颜色不再杂有条纹）、新的领带（当前最适合的宽度，并且带有浅浅的暗纹）。

身着名牌有助于提升形象，但如果穿得过于夸张，浑身上下珠光宝气，或者虽然满身名牌却搭配不当，也很容易给人不舒服的感觉。品位可以透过一个人的装扮展露出来，但是周身名牌不等于有品位，因为钱买不来品位。同理，一个人财力不足，没有华服、没有奢侈品，但也能够拥有品位。

当你没有财力、物力时，只要注意穿着美丽、优雅，搭配合理、艺术，也能够体现你的良好修养和对服饰独到的审美品位，这样，你也可以释放出强大的吸引人的气场。尤其对于刚刚步入社会求职的大学生来说，认识并清醒地把握这一点是非常重要的，切忌不要盲目跟风，只要你能根据自身情况，穿着恰到好处，给招聘者留下一个好印象，面试时，即使在僧多粥少的竞争状态下，你也能脱颖而出。

通常，个人形象对于能否被录用有着举足轻重的作用。值得注意的是，良好的形象是得体的装扮等衬托出来的，而不是衣服的"牌子"所传达的。

要记住，服饰并非以新、奇、贵为最好，学习服饰艺术，了解其中的精华，也不仅仅是跟着流行走，重要的是服饰应与自己的年龄、职业、形体、肤色、性格、气质、时代、所处场合等诸要素相吻合。一个整洁大方、和谐美观、洒脱优雅的人，肯定是一个有品位和气场强大的人，也必定是社会交往中受欢迎的人。

良好的教养是有品位的前提

良好的教养是有品位的前提。良好的教养一般体现在以下这些方面：

（1）守时。无论是开会、赴约，有教养的人从不迟到。他们懂得，不管什么原因迟到，对其他准时到场的人来说，也是不尊重的表现。

（2）谈吐有度。注意从不冒冒失失地打断别人的谈话，总是先听完对方的发言，然后再去反驳或者补充对方的看法和意见，也不会口若悬河滔滔不绝，不给对方发言机会。

（3）态度亲切。懂得尊重别人，在同别人谈话的时候，总是望着对方的眼睛，保持注意力集中；而不是眼神漂浮不定，心不在焉，显得一副无所谓的样子。

（4）语言文明。不会有一些污秽的口头禅，不会轻易尖声咆哮。

（5）合理的语言表达方式。尊重他人的观点和智慧，即使自己不能接受或明确同意，也不情绪激动地提出尖锐反驳，更不会找第三者说别人坏话，而是陈述己见，讲清道理，给对方以思考和选择的空间。

（6）不自傲。在与人交往相处时，从不凭借自己某一方面的优势而在别人面前有意表现自己的优越感。

（7）恪守承诺。要做到言必行，行必果，即使遇到某种困难也从不食言。自己承诺过的事，要竭尽全力去完成，恪守诺言是忠于自己的最好体现形式。

（8）关怀体贴他人。不论何时何地，对妇女、儿童及上了年纪的老人，总是表示出关心并给予最大的照顾和方便，当别人利益和自己利益发生冲突时能设身处地地为别人想一想。

（9）体贴大度。与人相处胸襟开阔，不斤斤计较、睚眦必报，也不会对别人的一些过失耿耿于怀，无论对方怎么道歉都不肯原谅，更不会嫉贤妒能。

（10）心地善良，富有同情心。在他人遇到某种不幸时，能尽自己所能地给予支持和帮助。

爱因斯坦曾经说过："不管时代的潮流和社会的风尚怎样，人总可以凭着自己高贵的品质，超脱时代和社会，走自己正确的道路。"因此，尽量学习并做到以上10点，做一个有教养的人，你才能成为一个有品位的人，使自己的形象光彩照人。

只会白水煮白菜的女人很难成为婚姻中的成功者

如今，擅琴棋懂书画的淑女越来越多，但现实是：淑女也要吃饭，结婚后，难保不会为一日三餐的生产过程发愁！按着这个思路发展下去，再过10年20年，也许最抢手的女人不再是多才多艺的淑女，而只是那些会做家务的平凡女。

很多女性为了追求所谓的高贵，不肯下厨房，一心要当一个公主。在她们眼里，厨房都是凡夫俗子、村姑妇女去的地方。她们甚至不屑于做家务，觉得那些是再卑微粗俗不过的。要知道,一个家里如果没有美味的饭菜入口,就算胃口再好也容易食之无味,所以幸福的生活还得从厨房开始。

晓云开始的时候就是这样想的。晓云的家里并不算特别富有,但是父母也都是高级知识分子,生活也算优越,从小对晓云疼爱有加,她连厨房门都不曾迈进过,也不用做家务,通常都是请钟点工之类的家政来收拾屋子。在她看来,自己本来就应该是一个高贵的人,以后的日子当然是一天比一天好,自己的一辈子都应该是这样轻松悠闲。

到了谈婚论嫁的年龄,晓云经过父母的撮合认识了相似背景下的磊,磊的家庭也很富有,而且磊自己也很有能力,年纪轻轻就已经成了公司部门的经理。最主要的是磊跟晓云求婚时表白的话:"我会用一辈子的时间呵护你,爱你,让你成为一个幸福的高贵的女人。"晓云一下被打动了,她心想:我以前要找的不就是这样的人吗?何况他还那么优秀。我真是太幸福了!可是现实总是与理想有一定的差距,结婚不久,晓云就大呼自己被骗了,而磊也生气地说自己真是瞎眼了。他们开始不断吵架,甚至提出了离婚。

双方父母赶紧赶过来"救火",想看看到底是什么原因让这对本来应该甜蜜相守的爱人吵得不可开交。原来很简单:磊正处于事业上升期,每天要在公司加班,等部门的员工都走了以后还要总结一天的情况,可是当他疲惫了一天,想回家看晓云给他做了什么好吃的犒劳他时,却发现厨房冷清,干净,所有锅都是干干净净摆在那儿。冰箱里也空空的,除了零食就没有什么他能吃的。第一次他忍了,叫晓云下班早的话就去买点好吃的菜或者熟食之类的回家。可是连续几天，他发现不管是下班早还是稍微晚了，晓云都是不操心家务，从不买菜买米的，只会买点零食或者去外面吃。他还是忍了，也到外面去吃了几天。可时间长了，磊也受不了了，他开始觉得自己讨来一个地主婆一样的女人，只知道吃和使唤别人，而晓云也恼了，她觉得磊本来就有义务让她幸福高贵，要是磊没有做到，那也是他的事情，为什么要怪我呢？

两人因为这个结解不开，吵闹到不可收拾，甚至到了离婚的边缘。双方父母听完以后都没有吭声，尤其是晓云的父母，脸色铁青，像憋足了气。晓云本来还想在父母面前哭诉一下，一看父母脸色不对，话也不敢说了。而这边晓云的父亲已经站起来给对方父母道歉了："亲家，真是对不起，是我教育孩子的方式出现了问题。我希望现在我还能来得及教育她。"

说完，晓云的父亲又望着晓云问她："你觉得你母亲幸福吗？高贵吗？"晓云想了想以前一家三口恩爱的样子，回答道："当然幸福，妈妈每天脸上都挂着笑容，你和母亲又那么恩爱。母亲是一个受人尊敬的教师，学生常常来家里看她，她也是最高贵的人。"父亲又问她："你母亲进过厨房吗？你的衣服、我的衣服都是谁放到洗衣机里的？你爱吃的菜都是谁给你做的？"晓云低下头不说话了，她的父亲又说道："难道我不爱你的母亲？难道我没有呵护她？"晓云红着脸打断了父亲的话："哦，我知道错了。"

父亲语重心长地说："孩子，爱都是相互的，没有谁该为谁做什么，等着别人为自己服务并不是幸福，幸福是能让自己爱的人高兴。同样，高贵也不是自己什么都不干，高贵是付出过后，人家给你的尊重。"

晓云没有说话，默默站起来，走向了厨房，而磊也深情地拥住了晓云的肩膀……

在婚姻生活里，很多女人都会觉得自己委屈，认为自己付出得太多，对方却都在享受。其实，爱情是相互的，我们在付出的同时，也会因为对方的享受而感受到满足和快乐。

新时代的女人，往往会产生这样的误解，觉得只有出得了厅堂的妻子才会让丈夫觉得光彩，才会让自己在人群里抬得起头来，因此她们抗拒入厨房，宁可做事业女性在外苦苦奔波，也不愿意躲在男人的背后做个持家女人。这样的观点无疑是错误的。生活不同于工作，不是你把外面的事情做好了，家里就会温馨了。

家，是两个人一起用心去经营的。家里总是充满了琐碎，柴米油盐是我们生活的必需品，如果你也不关心，他也不关心，那么相信你们的家也就再无温暖可言了。所以，新时代的女性，不要总以为只要"出得了厅堂"就是丈夫光鲜的妻子，相比较而言，他们更需要"入得了厨房，出得了厅堂"的贤内助。想要嫁得如意郎，也该在厨房里多花些心思，只会白水煮白菜的女人往往不是婚姻场上的强者。

精品女人的3个"本"——姿本、知本、资本

女人都想摇身一变成为精品女人，如何修炼自己才能成为

精品女人呢？有人总结了精品女人的三个"本"。

第一个"本"是姿本。

"爱美之心人皆有之"，我们都喜欢美的东西，无论是男人还是女人。

以貌取人是不对的。但是，实际交往中，我们还是不由自主地倾向于形象好的人。

好在我们生活在这样一个张扬的时代，美的定义早已多样化，无论你是否天生丽质，都可以把自己打扮得很优雅，所以"没有丑女人，只有懒女人"。当然光阴是有限的，我们还得去争取另外两个"本"！

第二个"本"指的是知本。

这是三个"本"中唯一一个只要肯努力就可以得来的东西，而且我非常认同这样一个观点——学习是一件终身的事情！上学期间大家读的书都差不多，离开学校之后其实才是真正分出高下的时候。有的人大学毕业后一年都不看一本书，吃的都是以前的老本，总有一天会山穷水尽。而我一直敬佩那些拥有良好读书习惯的人，不论何时何地，读书都是他们一直坚持的事，于是，他们就变成了"渊博"的人，他们的人生也更为丰富！

读书以外，知本还包括其他的技能，在生活和工作中游刃有余的女人，一定是那些掌握了很多技能和经验的女人，才能在人群中脱颖而出。

吴君如并没有惊艳的美貌，但她的演艺事业长盛不衰，这与她勤奋、敬业、积极学习的态度是绝对分不开的。和同辈女星比较，吴君如似乎得花更长时间才找到属于自己的定位，入行时的运气也好像不是那么顺利，有过较长时间的低谷期。当时正是新艺城带动的喜剧热潮，加上自己外形的限制，吴君如常常得扮演电影里头被消遣挖苦的角色，如果说周星驰的片子经常丑化女星，那吴君如可要算是第一代的扮丑女艺人。

不管是艳星、玉女，都显示了以男性视角出发，由男人的眼光来决定的女人在影坛乃至社会应该或可以扮演的角色。而扮丑却可以挣脱"花瓶"之嫌，锻炼演技，加强自己表现力的厚度和深度。幽默十足的角色更能与观众沟通，拉近了银幕上的距离。当同辈女星都能以美艳动人的姿态出现在银幕上，而自己被调侃时，我们可以想象吴君如内心曾经承受的压力和经历的挣扎。不过她却毅然接受安排，豁达开怀地扮演了大家心目中不美的角色，精湛的演出，同样让观众接受了她。

2003年，吴君如凭借《金鸡》摘得金马影后的桂冠，再次证明了她的选择是正确的。《金鸡》是一部笑中有泪的香港奋斗史，用幽默搞笑的情节表达厚重的内涵，引起了无数人强烈的共鸣。

第三个"本"则是资本。

都说新世纪的新女性要独立，而独立女性的第一条标准就是经济要独立。

以前听朋友说过，20岁的女人要漂亮；30岁的女人要聪明；

40岁的女人要有钱,这样才比较理想!我倒觉得,无论哪个年龄,只要你的钱财是通过自己的努力得来的,那当然是多多益善,就像俗语说的,"谁有都不如自己有",唯有自己的腰包足了,心里才更踏实!所以,挣钱要趁年轻。

很多女人寄希望于婚姻,把自己的一生都依附于男人的身上,乍看之下不失为一劳永逸的方法。但是当婚姻破碎时,金钱纠纷很容易使男女双方恶语相向,而受害的一方,有时候就是没有经济能力的女性。女人有钱,不只是为了追求享乐,而是要确立为自己做主的权利。

姿本、知本、资本,这就是成就精品女人的三个本,倘若做到了这三方面,那么,你一定是一个成功而幸福的女人!

女人的知性美源于书香

北宋著名书法家黄庭坚曾经说过:"人不读书,一日则尘俗其间,二日则照镜面目可憎,三日则对人言语无味。"

男人女人固然都需要读书来充实自己的精神,尤其是女人。人们都欣赏优美灵慧的女人,而读书能帮助女人们培养优雅的气质。

有人说:"书,是女人最好的饰品。"女人化妆有三层。其中有一层的化妆是多读书、多欣赏艺术作品、多思考,保持积极的、阳光的心态。

总会有一些经典书目历久弥香,有些书是优质女人不得不读的珍宝，在这里就为大家推荐几本好书，这些优秀的书籍就像是最好的朋友、最好的老师。在浮华的世界中，打开它们，投入多彩的书中世界，你的心灵将得到最大的滋养。

1《简·爱》

这是一部以爱情为主题的小说，女主人公简·爱是一个生活在社会底层、受尽磨难却不甘忍受社会压迫、勇于追求个人幸福的女性。她那倔强的性格和勇于追求平等幸福的精神很值得现代女性学习。

简·爱认为爱情应该建立在精神平等的基础上，而不应取决于社会地位、财富和外貌，只有男女双方彼此真正相爱，才能得到真正的幸福，她的爱情观体现了她的倔强性格。简·爱以对爱情执著追求的精神为现代女性树立了良好的榜样。有人说，爱人者是强者。为了追求自己的幸福，现代女性应好好阅读《简·爱》这部世界名著，做一个爱情的强者。

2《飘》

《飘》的女主人公也是一位坚强、具有执著精神的女性，所以这部名著也是女性应该读的，在这部书里，作者玛格丽特·米切尔会教你如何做一个成功的女人。这里没有中美差异，郝思嘉能够做到的，你也能够做到。坚强、独立、积极，是现代女性的必备素质。即现代女性要学习的是郝思嘉那种坚强风范，永不放弃，敢于直面现实，与残酷的现实抗争。从某种意义上说，这个世界男人的优势还是明显的，而女性要想在这个世界中做个坚强、成功的女人就更应该好好读一读《飘》。

3《红楼梦》

一个女人如果没读过《红楼梦》的话,简直不可思议。理由很简单,只有看过《红楼梦》,才会明白原来女人是如此哀婉动人,如此仪态万千,如此楚楚可怜,如此冰雪聪明……作者曹雪芹会告诉你什么样的女人才是真正的女人。

豪迈如史湘云,也有醉卧芍药的娇憨;聪慧如薛宝钗,也有花间扑蝶的稚气;也唯有高洁如林黛玉,才有掩埋落花的闲情。《红楼梦》让读者真正看到女人的精彩,领略什么是水做的女人的深刻含义。即使势利狠毒如王熙凤,她的善于交际、果断坚决、处变不惊还是值得今天的女性学习的。

4《第二性——女人》

有史以来讨论女人的最健全、最理智、最充满智慧的书。

5《流动的盛宴》

通过此书,你就会知道为什么小资女人们大多都向往巴黎的生活。

6《喜宝》

这本书将让你知道,再美丽、聪明、练达的女子也逃不过命运的潮起潮落,每个人都要好好把握现在。

比漂亮女人聪明,比聪明女人漂亮

美国哥伦比亚一家公司曾经对办公室女郎的外表做过一项调查,结果显示美女很容易找到办公室文职这样的工作,她们的起薪水平高于其他相貌平平的女子,但是她们很难进入更高层的领域。因为这些领域对能力的要求要明显高于外表。《杜拉拉升职记》中,海伦就是这样一位外表出众的漂亮女郎,而她在公司的定位仅仅局限在某个固定职位,而相貌平平的拉拉却凭借聪明的头脑和热情的干劲,在公司步步高升。

海伦和拉拉的经历告诉我们,良好的外表的确能给人带来很多优势,但外表只是"开场白",它可以成为敲门砖,却不是成功的保证。

不够漂亮就会错失机会,但只有漂亮也是万万不行的。只有兼具了美丽与能力,才能让自己耀眼。

只在某一方面突出并不能称之为优势,强大的综合实力才能让你胜人一筹。就好比木桶原理,最高的那一节木桶再高,水最多还是只盛到最低的那一节木桶。所以,单有美丽的外表或者聪明的大脑不会保证你脱颖而出,但如果你既聪明又漂亮,还会有谁注意不到你呢?

英国伦敦大学一位系主任在谈到一位女讲师时,说:"她应聘本系讲师职位时,从她一进门,我就感到她是我所渴望的人。她身上有着某种气质,把她那庄重的外表衬托得越发迷人。只有有高度素养、可信、正直、勤奋的人才有这样的光芒。第一分钟我就定下了人选,30分钟之后,我就让她第二天来系里报到。她没有让我失望,现在她已是最优秀的讲师。"

在众多的竞争者中,女讲师为什么散发出这种气质,系主任说得似乎很玄乎,但聪明人一眼就看得出来,因为她既有过硬的专业实力,又有极富吸引力的外表。这两项优点叠加起来与其他竞争者相比较就显得格外突出。系主任还有什么理由不选择她呢?

这个时代里,美女太多,有能力的女性也不少。如何在她们中间显露自己,女性朋友不妨想着从提高自己的"综合素质"入手,这里的"综合素质"就包括内在和外在两部分。外在就像你的硬件条件,你要修饰好你的面容、保持合度的身材、选择得体的穿着,并且要保持优雅的举手投足。而内在就像你的软件条件,你要积累丰富的学识、懂得为人处世的原则、修炼自己的品性,这样内外兼备的你才是最完美的。

男人,"娶德"胜于"纳色"

提起中国古代四大美女,女人自然而然会在脑海中浮现出西施、貂婵、王昭君、杨贵妃美艳绝伦的外貌。她们获得浪漫爱情,获得优质男倾心,获得富贵人生,女人没有丝毫嫉妒,以为这是她们绝世美貌应得的。

然而,中国古代四大丑女的爱情故事却鲜为女人所知,就算知道了,也大多会嫉妒心大发,气呼呼地说:"凭她那长相,居然也配?"大有为丑女身边的优质男打抱不平的意思。然而,在优质男的心中,选择伴侣,美德往往比美貌重要,他们更多的是看一个女人的内心,其次才是外表。

到底中国古代四大丑女有着怎样令女人艳羡的爱情，下面就将一一呈现给大家。

1 嫫母与黄帝

在中国古代四大丑女的榜首位置上，高坐着的是黄帝的妻子嫫母。汉王子渊《四子讲德论》中云："嫫母倭傀，善誉者不能掩其丑。"意思是说嫫母面貌的丑陋已经让最能言善辩的语言家也黔驴技穷了，难以找到赞美她容貌的一言半语。此语形象地点明了嫫母容貌的丑陋大有"前无古人，后无来者"的难以超越之处。一个女人丑到了如此高的境界，怕是连神仙也难以望其项背。所幸，嫫母为人贤德。屈原《九章·惜往日》："妒佳冶之芬芳兮，嫫母姣而自好。"正是她的贤德，成就了她和中华民族的始祖黄帝的姻缘。婚后，嫫母一心辅佐丈夫打拼，传说黄帝败炎帝，杀蚩尤，皆因嫫母内助有功。得如此贤内助，即便貌丑，黄帝却也如获至宝，满心欢喜。

2 钟离春和齐宣王

仅次于嫫母的中国古代丑女叫钟离春，是战国时期齐国无盐人。据说，这个女人鼻孔朝上，头发稀疏干黄，皮肤和人的脚后跟一样，脖子肥壮，骨节粗大，30岁了还没嫁出去。不过相貌的缺憾并不能扼杀钟姑娘的勃勃雄心。当时执政的齐宣王，政治腐败，治国昏庸，而且性情暴躁，喜欢听吹捧，谁要是说了他的坏话，就会有灾祸降到头上。但钟离春为拯救国民，冒着杀头的危险，赶到国都，齐宣王见到了钟离春，还认为是怪物来临。一见面她就对齐宣王说："你完蛋了，你完蛋了，你完蛋了,你完蛋了。"齐宣王让她给吓得浑身冒冷汗,赶紧询问原因。钟离春就给他提了四条意见:一是缺乏人才储备;二是听不进别人的意见;三是沉湎女色;四是乱建楼堂馆所。齐宣王骨子里尚属贤明君主,当下便采纳了钟离春的中肯意见。此外,齐宣王为了改掉"沉湎女色"的毛病,册封钟离春为皇后。

3 孟光和梁鸿

当用"举案齐眉"来形容一对夫妻的感情时,人们总是能感受到这对夫妻之间的相亲相爱。然而,人们却难以想到,这段"举案齐眉"的佳话却是由名列中国古代丑女第三的东汉的孟光和丈夫梁鸿缔造。据史书记:孟光又黑又肥,模样粗俗。力气之大,能把将军、武士操练功夫的石锁轻易举起,被看成是无法管束的蛮婆。加上她又极丑,家里人作了嫁不出去的准备。可仍有媒人替孟光与一丑男搭桥,孟光开口道:"我只嫁给梁鸿,其他任何人都不嫁!"梁鸿是当时的大名士,文章过人,儒雅倜傥,堂堂的美男子,传说当时不少美女为他得了单相思。因此孟光对媒人说的话,一时被国人传为笑料。但梁鸿看中孟光的品行,毅然娶了孟光为妻。后来,梁鸿落魄到吴地当佣工,孟光毫无怨言地随同前往。梁鸿每次劳作回家,孟光都把食具举至眉平,再恭恭敬敬地递给梁鸿,"举案齐眉"由此而来。二人相亲相爱,白头偕老。

4 阮女和许允

落在中国古代四大丑女榜尾的是三国时期阮德慰的女儿阮女。《三国志》为许允做传时曾写道,东晋的许允娶了阮女为妻，花烛之夜，发现阮女容貌丑陋，匆忙跑出新房，从此不肯再进去。后来，许允的朋友桓范来看他，对许允说："阮家既然嫁丑女于你，必有原因，你得考察考察她。"许允听了桓范的话，果真跨进了新房。但他一见妻子的容貌拔腿又要往外溜，新妇一把拽住他。许允边挣扎边同新妇说："妇有'四德'（封建礼教要求妇女具备的妇德、妇言、妇容、妇功四种德行），你符合几条？"新妇说："我所缺的，仅仅是容貌罢了。而读书人有'百行'，您又符合几条呢？"许允说："我百行俱备。"新妇说："百行德为首，您好色不好德，怎能说俱备呢？"许允哑口无言，羞愧不已，当天晚上就和妻子圆房了。从此夫妻相敬相爱，感情和谐。

　　相比中国古代四大美女的爱情而言，中国古代四大丑女获得的才是有尊严的爱情。她们没有四大美女的美貌，甚至没有平常人的凡俗容颜，她们的丈夫却个个才学过人，甚至俊美无比，甘愿为这四个丑女的才德所倾倒，夫妻相敬相爱，白头偕老。她们的爱情故事告诉追求爱情的小女人们：丑女也有爱情的春天，甚至丑女的春天也能比美女的春天还要美丽缤纷。德才兼备的丑女，就算你是新时代的贝蒂或林无敌，你也能凭借德才兼备，轻松攻破优质男的心房，让他甘做你的爱情俘虏。

第三章
将优雅当成一种习惯来培养

怎样做一个优雅女人

优雅的女人都从容。她们经历过人生的风浪,岁月的痕迹不光留下风霜后的苍凉,更有资深的阅历,好像大树的年轮一样一圈一圈积累着人生,积累着智慧。

优雅的女人,淡定从容,谈笑风生。你若要她们受到你的惊吓,那只是小孩子的一种尝试,她们会一笑了之。都是包容,或者是云淡风轻,举重若轻的优雅已经达到美丽的顶级。这又何尝不是人生最美丽的风景?

优雅女人活泼主动。她们是都市的靓丽风景,或者她们属于白领,有着令人羡慕的工作,或者她们有自己的生活,生活舒心,谈笑自若,雍容大方。她们会和你矜持却不失亲切地交谈,她们会和你讨论今夏最流行的颜色,她们会提到她们家的小猫是怎样的调皮。笑笑谈谈，眉目含笑，举止有度，点到为止。女性的光辉和智慧刺得你睁不开眼。

优雅女人懂生活，懂情趣。她们拥有最好的品德，既不忘古典传统文化的谆谆教导，又具有接受最新文化的能力，兼容并包，和蔼可亲。当你和她讨论生活，讨论喜好，她们总是给你最好的建议并且策划到几近完美；她们是幼稚少女的人生指南，步步到位；她们和任何人都能成为朋友，让你相见恨晚。她们在人前是如此的矜持又开朗，进退适宜不惹人尴尬，谦虚又可爱。

没有哪个女人不想成为优雅的女人，而许多人又常苦于找不到优雅的秘诀，或者抱怨缺乏应有的条件而信心不足。优雅，真那么难吗？其实，做优雅的女人并不难，不需要很高的条件，秘诀是从身边的小处做起。没有过度的装饰，也不流于简单随便，坚持独立与自信，热情与上进。由中国红变成亮眼蓝的靳羽西曾言：快乐就是成功。她说人在可以站着的时候，就一定要坚持站着，而且还要保持着漂亮的样子，这是对自己的尊重，也是对别人的尊重。女人要保持自己的优雅。

要做一个优雅的女人，就必须增长自己的知识，将优雅之树的根深扎在文化的沃土之中，这样才能使它枝繁叶茂。因为优雅的女人，必定是心灵纯净的人，净化心灵的最好办法是吸取智慧，吸取智慧的最好办法则是阅读。"书中自有好风光""书中自有黄金屋""书中自有颜如玉"。读破万卷书的人，心中不会存有一池污水。知识能够改变命运，同样，知识可以培养女人的优雅。所以，要想做一个优雅的女人，就要多读一些书，尤其是一些提高情商的书，不断地充实自己，完善自己。喜欢读书的女人，永远都是不俗的人，只有不俗的人才有可能做优雅的人！

优雅的女人一定要有自己的事业。优雅的女人不是依附的小鸟，不是攀岩的凌霄花。优雅的女人就是一只展翅高飞的鲲鹏，就是一棵参天的大树，而事业则是这一切的基础。所以，要做一个优雅的女人，必须热爱自己的工作，因为只有热爱自己的工作，才能做好自己的工作。从事自己所热爱的工作是一种幸运，热爱自己所从事的工作是一种幸福。幸运不是每个人都能遇到的，幸福却是大家都可以追求的。优雅的女人一定是幸福的女人，追求幸福就是追求优雅。

优雅还包括一个女性对美的独到的见解和追求。倘若整日衣冠不整，不修边幅，无论怎样也是同优雅联系不上的。所以，优雅的女人，她的着装永远都是不张扬而富有格调，那感觉就像静静地聆听苏格兰风笛，清清远远而又沁人心脾。

如果说女人似水，那么优雅的女人就可以水滴石穿，用智慧去获得爱与尊严。外在的美随风易逝，肤浅也耐不起寻味，而优雅的女人用丰富的内心世界和对生活的智慧，让自己永远是一棵有 101 种风景的花树。

优雅女人是这样炼成的

端庄优雅的女人应具备的条件：

（1）拥有靓丽的肌肤，并保持良好的身体和心理健康状态。

（2）抬头挺胸，背部随时都是挺直的。

（3）举止得体，声音动听悦耳，谈吐优雅。

（4）对任何人都彬彬有礼。

（5）生活中不会感到无趣，有自己热衷的事物和兴趣。

（6）无论何时何地，取出的物品都能收拾整齐。

（7）厨艺精湛，心灵手巧，能做好家庭中的一切事务。

（8）每天关注新闻，随时知道和了解国内、国际重大事件。

（9）早睡早起，作息有规律，每晚都有良好的睡眠。

（10）经常成为别人倾诉的对象，并能够自己解决烦恼。

（11）紧急关头能发挥带头作用。

（12）有一生相随的好友。

（13）不惧年岁的渐长，还有很多很多将来想做的事情。

（14）认为今天的自己比昨天更美丽。

（15）感到幸福，而且看起来真的很幸福。

孟德斯鸠说："一个女人只有通过一种方式才能是美丽，但是她可以通过千万种方式使自己变得可爱。"女性魅力不是单纯的、机械的，而是流动在一颦一笑中，在不经意间的一个转身一次低头里。优雅的女人应该举止端庄而不失女性的妩媚，雅致的韵味从头流到脚，又从脚流到头。女性的这种举止端庄妩媚是可以通过后来的训练得到。

优雅的举止应该从日常生活中的点点滴滴做起。女性的姿态最具美感，一位举止优雅的女性自然会光彩照人。但在日常生活中，人很容易全身自然放松，不太注意自己是否举止优雅。

要想让自己举止优雅，就要在平时把优雅当成习惯，所以在平时就要注意自己的一举一动，无论是站立、走路，还是坐靠，都要保持四肢平稳、端正。要特别注意不要弯腰驼背，或者歪着肩膀叉着腿，这些都会给人一种散漫的印象。身体应该保持端正挺直，举止要落落大方，展示出一种精干利落的形象。那么如何才能做到这样呢？

第一，站姿中展现女人特有的韵味。在交际活动中，女人站立时不仅要挺拔，还要优美和典雅。站立时要抬头、颈挺直，双目向前平视，下颌微收，嘴唇微闭，面带笑容，动作平和自然，身体有向上的感觉。

第二，坐姿优雅从容的。坐下时，应面带笑容，双膝应自然并拢，双腿正放或侧放，双脚并拢或交叠；立腰、挺胸，上身自然挺直；双臂则自然弯曲放在膝上，也可以放在椅子或沙发扶手上，掌心朝下。

第三，流云般优雅的步姿。款款轻盈的步态流露出一种温柔端庄的风韵。走路时应以腰带脚，重心移动，以腰部为中心，膝盖伸直、脚跟自然抬起，两膝盖互相碰触，面部应带微笑，双目平视。

因公务或个人交往出入社交场合时，则应注意举止要大方礼貌、稳重自然，而过于张扬炫耀、引人注目，是缺乏修养的表现。还要注意，即使在自己家中，也不要过于松懈、不讲美感。因为如果你平时在家散漫惯了，外出和上班时就不容易改变自己的姿态了。林徽因就很注意自己在家的形象。萧乾第一次见到患着严重肺病的林徽因时，她不是穿着睡衣躺在病床上，而是穿着骑马装，神采奕奕地站着迎客，完全没有提到一个"病"字。

当然，如果你在行为举止方面走到另一个极端，则同样令人讨厌：因为害怕弄皱自己的裙子，所以直挺挺地像根棍子；为了不坐在外套上面，因此把外套掀起来，或者任何时候一坐下就把裙子撩起来；过于在意某些举止动作，弄得自己像舞台上的演员；没完没了地在镜子前顾影自怜；故意设计一些动作，并不断练习，力求完美，尽管第一次做这些动作时也许会很迷人，但要知道，如果一个女人的动作完全不自然，那也是非常令人生厌的，这种做作的举止和粗俗的举止一样，最终也会让她失去优雅之感。

用品位做底蕴的女人最优雅

优雅的女人无人不喜欢，不管是男人还是女人。

愚钝的女人总是在抱怨：上天是如此不公，为何不将那样的身材与美貌赐予给我？而优雅的女人往往是通过后天的努力，让人心服口服的。当女人从表面的自我，过渡到一种深厚的内在之中，便会呈现出一种升华过后的极致美丽，与从前相比，不可再同日而语。一如水涨船高，是一样的定律。

在一次世界文学论坛会上，有一位相貌平平的小姐端正地坐着。她并没有因为被邀请到这样一个高级的场合而激动不已，也不因为自己的成功而到处招摇。她只是偶尔和人们交流一下写作的经验。更多的时候,她在仔细观察着身边的人。一会儿,有一个匈牙利的作家走过来。他问她:"请问你也是作家吗?"

小姐亲切而随和地回答:"应该算是吧。"

匈牙利作家继续问:"哦,那你都写过什么作品?"

小姐笑了,谦虚地回答:"我只写过小说而已,并没有写过其他的东西。"

匈牙利作家听后,顿有骄傲的神色,更加掩饰不住自己内心的优越感:"我也是写小说的,目前已经写了三四十部,很多人觉得我写得很好,也很受读者的好评。"说完,他又疑惑地问道:"你也是写小说的,那么,你写了多少部了?"

小姐很随和地答道:"比起你来,我可差得远了,我只写过一部而已。"

匈牙利作家更加得意了:"你才写一本啊,我们交流一下经验吧。对了,你写的小说叫什么名字?看我能不能给你提点建议。"

小姐和气地说:"我的小说名叫《飘》,拍成电影时改名为《乱世佳人》,不知道这部小说你听说过没有?"

听了这段话,匈牙利作家羞愧不已,原来她就是鼎鼎大名的玛格丽特·米歇尔。

这就是有品位的女人,她不经意间所流露出来的优雅,让人佩服得五体投地。可见,优雅不是天生的,也不是夸夸其谈地知道几个所谓的时尚代名词就优雅了,优雅是一种气韵,一种坚持,一种时间的考验。

时髦，可以追可以赶，可以花大钱去"入流"，而优雅却是模仿不来、着急不得的事。

女人怎样才能够优雅呢？有人说，除非她遇到一个好男人，这个男人给予她所有优雅的动力与勇气，还有物质条件。男人们总有一种感觉，认为让她衣食无愁，在丰富的物质面前，女人优雅的气质和内容就会表现出来。其实并非如此，女人的优雅不是物质生活堆积出来的。

你想知道一个女人是否过着优雅的生活，你首先要问她，她是否有能力创造幸福？她的生活内容是否真实？她的感受是否是自然流露出来的？如果她无法确定，那么她必然是生活在别人设计的图纸上，优雅的生活就无从谈起。其实，女人只有不断提升自己的品位修养，才能逐渐向优雅靠近，品位高了，你的生活中优雅的内容也就会自然而然地增加。

优雅的生活是简单而丰富的，个人的品位和素养或许是其中的关键。

优雅，是一种知识的积淀，不管是直接还是间接的，都是一种必需的积累；优雅不是一种形式上的东西，它需要你在生活中学习，需要你以丰富的人生经历来成就。优雅有着终生学习的特性，它是台阶式的，学一点，修一点，修一点也就提升一点。优雅需要女人学一生，坚持一生，这样它才会让你受益一生。

"品位"二字，没有内涵是强作不来的。品位不是虚无缥缈的一种自我感觉良好，它是全面的，整体的，由表及里的综合表现。品位是一种集个人的出生背景，文化层次，生活素养为一体的，只能靠感觉去体验的东西才可能获得，而不是什么人都能够拥有的。

女人优雅之树的根要深扎在文化与经济的沃土里才枝繁叶茂。当优雅成为一种自然的气质时，你一定显得成熟、温柔；当优雅代表你的性格时，事实上你已经把握了自己的人生。

女人的优雅又像一口泉，智慧之水在涌动中充分展示人格魅力，散发着令人仰慕的内在品位。生活中的女人们尽量提高自己的品位，多一些优雅，实在是人生中的崇高境界。

有品位做底蕴的优雅女人不见花开，只闻暗香浮动。

生命如花，女人就是要美丽

从适合女性的职业看，气质佳的女性还是占优势的，比如最适合女性的8大金领职业：公关、人力资源、传播媒介、外企白领、注册会计师、保险经纪人、职业经理人、金融业的职员，哪一个不需要跟别人打交道？只要是需要跟人打交道的职业，就一定会对应聘者的气质有要求，因为气质好的肯定讨人喜欢，毕竟良好的第一印象是不容易改变的。

有女人说，我不是为了别人而打扮自己，我是为了我自己，我打扮漂亮了，心情就会格外得好。

其实女人要为自己而美丽。

如果女人再有机会做选择题，不要选择"美貌"，因为"美貌"如花，终有一天会凋谢的。女人要选择的应该是"美丽"，从美丽的女孩到美丽的少妇,再到美丽的母亲,最后到美丽的老太太。

林肯说,40岁,人就应该对自己的相貌负责了。还有人说,人的样貌,30岁以前由父母的基因决定,30岁以后就由自己决定。不管是哪种说法,都讲明了一个道理,人的相貌是可变的。"心善则貌美,心恶则貌丑"就是这个道理。

我们身边不乏这样的例子,那些心地阴暗、冰冷、狭隘的女人,越长越刻板、僵冷,少有生气,何来美感?而那些心地善良、心胸宽广的女人,懂得不断提升自己,则会越长越开朗、热情、自信、讨人喜欢,美感自生。

任何女人都有美丽的权利和机会,美丽的内涵不应仅停留在容貌姣好的层面上,在女人身上,美丽更多时候指的是由内而外散发出的气质和魅力。这是所有女人都能修炼得来的。

不论命运是以悲剧还是喜剧开始,女人的自我塑造才是自己幸福的根源,用爱去塑造,用情去塑造,用一切美好的东西去塑造,就会让自己美丽,让生命美丽。

在这个世界上,的确没有不凋零的花,也没有不老的红颜。女人如花,从含苞待放到鲜艳夺目,再到凋零花谢,这是女人的一生,但这并不意味女人的美丽就是那短暂的一瞬。如果女人总能想着在生命中留下善良、自信、坚忍、独立、修养、个性等方面的明显痕迹,那么她的生命就会一直美丽着。

女人生命如花,更要常葆美丽。

美丽是生产力,要舍得为它投资

1974年,心理学家兰德和赛格尔做了一个试验,他们让一些男人看几篇有关电视对社会生活影响的论文,要求他们看完后对论文作出"好"或"差"的评价。心理学家同时还告诉他们,这些论文都是某些女人写的(其实并非如此),每篇论文上都相应的贴着女性"作者"的照片,照片既有美丽的也有不美丽的。结果发现,无论文章在客观上的质量如何,美丽、有魅力的女人所"写"的文章往往被认为是一篇好文章。

心理学家E.阿伦森组织大学生们进行关于教育改革问题的讨论,他把参加实验的大学生分为两组,请两组被试者听取一个女大学生的发言。这个女大学生在对一个组发言时刻意修饰了一番,显得很干练;而对另一组发言时却换下了得体的服装,改变了发式,不再具有在第一组发言时的吸引力。实验结果是,尽管发言内容相同,但她在第一组的发言让更多的人接受了她的观点。

已经有统计显示,那些端庄得体的人,不管是女人还是男人,他们在社会上成功的概率更高。他们往往更能得到别人的好感和接纳。

难怪在论及人为什么爱美这个问题时,大哲学家亚里士多德会那么毫不客气地说:"只要不是瞎子,谁都不会问这样的问题。"我们也可以把大哲学家的话篡改一下:只要不是傻子,女人都应该为自己的美丽作点努力。

1 健康的女人最美丽

美好的形象和高雅的气质都是以健康为基石的。伊丽莎白·泰勒曾经这样忠告女人：要为自己和家人的健康做好打算，而且越早越好。在年轻时就注意健康，拥有健康的身体，确实是一项比其他投资更重要的投资，对健康的投资不但不会亏本，而且回报率很高。

如今的女人正面临前所未有的越来越大的压力，工作、婚姻、孩子、家务……紧张的一天下来，很多女人往往感到精疲力竭，长此以往，各种疾病也会不请自来。西班牙有句俗话："不是负担，而是过重的负担杀死了熊。"作为女人，一定要培养积极乐观的心态，养成好的生活习惯，并学会舒解压力，多运动，只有这样，女人才能让自己的生活轻松起来，并且越来越幸福。

2 三分长相，七分打扮

经常有人说，年轻本身就是最大的美丽资本，所以，年轻时就不用考虑为美丽努力了。是的，年轻是美，青春的美丽是无可比拟的，也是任何化妆品都难以代替的。但如果因此就认为年轻人不必提升自己，那就大错特错了。俗话说得好："三分长相，七分打扮。"适当的修饰可以提升人的魅力。先天条件再好的女人，如果不修饰，也只不过是一块没有雕琢的玉，终究无法光彩照人。

女人应该使自己更夺目，不具备外形优势的女人更应该通过修饰来弥补自己的不足。

3 不妨多读些书

女人的美丽不仅美在漂亮的脸蛋和着装上,更多的还是体现在高雅的气质上。"腹有诗书气自华",女人不妨多读些书,多增加点知识,以免跟不上时代。不要觉得读书无用,"书中自有黄金屋""书中自有颜如玉"对女人来说也不是谎言。

诚如励志大师史蒂夫·钱德勒所说:对于所有的人,都有一本书可以改变他的命运。在茫茫书海中,总有一本书似乎是为你量身定做的,看到它就像遇到一位知心的老师,心中的疑惑就会释然而解,面前的路就会豁然宽广。既然读书有这么大的作用,那女人何乐而不为呢?

邋遢的女人没人看得上

猜猜看,一个邋遢男和一个邋遢女同时出现在街上,人们会怎么想?

这男人肯定没女人管,要不他怎么邋遢成这样?一个女人邋遢成这样,怎么过日子?

就是这样。男人邋遢,人们会讨厌;人们也十分不喜欢邋遢女人。这不是公平不公平的问题,而是长期形成的一种认识——整洁干净应该是做人的底线。

在别的条件差不多的情况下,一个着装得体、整洁利落的女孩总会比邋遢女孩容易得到别人的喜爱；如果让她们去办同一件事情，邋遢女孩一准儿会遭到拒绝无功而返；不论是职场还是情场，整洁利落的女孩总能比邋遢女孩获得更多的机会。这和人的第一印象有关。第一印象的建立就像在一张白纸上画画，美也好，丑也罢，画上了就难以抹去，甚至还会左右人的行为和判断力——人们往往会无缘由地将好感和支持给予第一印象好的人，可能是因为"爱美之心人皆有之"吧。

英国形象大师罗伯特·庞德说："这是一个两分钟的世界，你只有一分钟展示给人们你是谁，另一分钟让他们喜欢你。"看来为了这可怜的两分钟，女人再不能为了追求安逸而懈怠穿着了。

懂得爱自己的女人，一定不是个邋遢的女人，即使是平常布衣，也会被她穿得干净整洁，别有韵味。即使是在家里，她也会穿着漂亮整洁的家居装，而不是一件旧的或者过时的衣裳。懂得爱自己的女人，是讲究生活品位的人，她是在认真地"过日子"，而不是"混日子"。

女人应该学会爱自己，会爱自己的人才有能力过上好日子。她会给自己留出专门的属于自己的钱和时间：学外语，定期体检，参加一个兴趣班，适当地做头发、购买衣服、化妆品，看时尚的杂志书籍，听音乐，约朋友一起去跳个舞或吃个烧烤……不管她是已婚女人或是单身贵族，她都活得充实、快乐。

她的居室也充满女人的气息：墙上挂几幅色彩美丽的画或是几张家人的照片；阳台或居室里放几盆花；藤篮里装满时令水果或几本闲书……总之，她不会因为还没有成家或别的原因就把自己的居室弄得又脏又乱，像个学生宿舍，她总是让自己的居室充满温馨。

几乎所有的男人都喜欢穿着讲究、仪容得体的女人，而无数的妻子却越来越让他们失望。结婚之后，尤其是生完小孩，逐渐进入中年以后，有很多女人都邋遢起来：穿着睡裙、拖鞋去买柴米油盐；像个工作狂，8小时以外也穿着工作服；不修边幅，艳俗邋遢，破了洞的丝袜也会穿；不讲卫生，不追求健康，开口说话不是带着怪味儿就是带着脏字……这些女人或许在想：革命已经成功，幸福已经在手，还讲究什么啊？还是怎么舒服怎么来吧。

虽然女人是否爱整洁、爱修饰自己跟个人的性格有关，跟父母从小的教诲和训练有关，但后天的自我控制和管理能力则是女孩邋遢或整洁的关键原因。那些连脏衣服都能穿上身，家里不整洁的女孩，她们的自我管理和自控能力一定很差，而这样的女孩90%命运不会好到哪儿去。因为这样的女孩一般没有什么判断力和意志力，她们不但不愿意为人生成功付出辛苦努力，还会很容易受到外界的诱惑。

不要拿没有时间、没有钱当借口。同样的工作，同样的生活环境，为什么有的人能把自己打理得像模像样，而有的人却丝毫不把自己放在心上？要知道，干净利落的外表和生活作风是不会花费很多钱和时间的。这不仅仅是家庭教育问题，这更是观念问题，生活态度问题。这样的女人要想改变命运，必须先从生活态度、生活习惯改起。

女人的美丽是一道风景，能让世界因之变得不再单调沉闷，也能让女人自身因之变得更加快乐和自信。作为女人，一定要将美丽进行到底，不给邋遢任何理由和机会。

走猫步，不是猫着腰走路

毕加索说过：没有浑圆可爱的小腿的女人是没有魅力的。中国自古就用"风摆杨柳""弱柳扶风""莲步轻移"的步态来衡量女性之美，表明了腿对人，尤其对女人的重要性。

"美不美看大腿，正不正看脚步"，人的情绪常常会表现在腿形、步态上，没有比一个人的走路姿势更能决定这个人整体仪态的了。所以，一个女人，要想给别人留下深刻的印象，给自己以及周围的人留下美好的感受，就得认真地迈好自己的每一步。

人总是在运动着的，站立的姿势、走路的姿势都美的人，能抓住周围人的视线。

步幅很小、弯曲着膝盖、低着头走路，无论你多么年轻，看起来也没有朝气，像个老太太。而膝盖伸直、用大腿快步走路的，哪怕上了岁数，也会给人很精神的感觉。

那么，女人最美的走路姿势是什么呢？

我们经常看到时装模特的表演，可以说时装模特在舞台上，是以如何更美地走动（移动）来决定她的胜负的。从正面、侧面、后面各个角度看去，都必须是没有缺陷的、完美的走路姿势，才能够充分表现服装的内容，甚至可以说"走路姿势就足以决定一个模特的水平"。那些被称为"超模"的模特，不仅容貌、体形很完美，走路姿势也都是超一流的。

这些美丽的行走窍门又是什么呢？

姿势要正确，左右的肩胛骨向背部的中间靠近。要注意保持这种姿势，因为人在开始行走后，不知不觉注意力就会移到腿部，上半身就容易松弛下来。

因此，首先试着将手臂交叉后放在头部后面，背部中间和两臂的那些多余的肉也会因此而紧张起来。这个姿势做起来比较困难，但它对两只胳膊的变细有很好的作用，可以说是一举两得的事情，要比较努力才能做到。注意头部不要向前伸出，要有意识地将下巴尽可能伸出。这样就能让肩胛骨自然收紧，胸部自然向前挺。

这个时候，你可以想象在身体的中间放了一根棍子。棍子从脚跟开始，穿过身体的中心，从头顶部穿出。想象将从头部穿出的棍子向上拔上两三下的感觉，这样的姿势就差不多了。

在向前迈出第一步时，身体的什么部位放在最前面，看起来会最美呢？是膝盖，是脚趾尖，还是头部？

不，都不对。正确的答案应该是胸部。有意识地将胸部向前挺出，将背部稍微收紧一些，这样走路，看起来会更美。"胸部在前、胸部在前"，你可以在心里默念着向前走。

还可以找些空闲时间，反复练习将双手交叉在身前走路的姿势。最初，你会感觉很僵硬，不能松弛下来，等你习惯了以后，就可以卸掉那些多余的力气，变得可以很自然地走路了。如果你穿的是裙装，或者是需要一种看起来更有品位的走路姿势的话，你可以将步幅调小一些，就像是在直线上编绳子一样——左脚落在线的右侧，右脚落在线的左侧——就如同把脚放下的感觉。即便是裙摆很窄的裙子、走路困难的裙子，也都能得心应手，并且这种走路姿势也很女性化。

坐姿里也有"美人计"

坐姿是一种艺术，坐姿不好，直接影响到一个人的形象。对于女人来说，这一点尤为重要。因为它决定着你是一位高贵优雅的"女神"，还是一个缺乏教养的女人。一个女人的坐姿，甚至会影响她的一生。

在各种场合，都要力求坐得端正、稳重、温文尔雅，这是坐姿的最基本要求。

坐姿如何，是影响女人魅力的一大要素。虽然对于一般女人不宜用"坐如钟"来强求，但坐姿不端，这种女人在别人的心目中会留下一个不好的印象。

坐是以臀部为支点，借此减轻脚部对人体的支撑力。坐能使人较长时间地工作，也是人们日常生活、社交中的常用姿势之一。因此，端庄、优雅、舒适的坐姿很重要，而且良好的坐姿对保持健美的体形也大有益处。

那么，什么样的坐姿可以使女孩显得稳重、端庄、落落大方呢？

（1）面带笑容，双目平视，嘴唇微闭，微收下颌。

（2）立腰、挺胸、上身自然挺直。

（3）双肩平正放松，两臂自然弯曲放在膝上，亦可放在椅子或沙发扶手上，掌心朝下。

（4）双膝自然并拢，双腿正放或侧放，双脚并拢或交叠。

（5）谈话时，可以有所侧重，此时上体与腿同时转向一侧。

正确的坐姿关键在于腰。不论怎么坐，腰部始终应该挺直，放松上身，保持端正姿势。

在社交场合中，坐姿要与场合、环境相适应。

1 坐姿自然

平时坐在椅子上，身体可以轻轻贴靠于椅背，背部自然伸直。腹部自然收紧，两脚并拢，两膝相靠，大腿和臀部用力产生紧张感。如果与客人谈话时椅子坐得很浅，就显得比较拘束。以脚用力着地来平衡身体，时间稍长就会觉得酸，这样的坐姿背部微驼，下巴突出，体态也不美。不妨一开始你就坐得深一些，然后背部保持直立，膝盖并拢，这会使你显得优雅而从容。

2 坐沙发的坐姿

一般沙发椅较宽大，不要坐得太靠里，可以将左腿跷在右腿上，两小腿相靠，双腿平行，显得高贵大方。但不宜跷得过高，不能露出衬裙，否则有损美观与风度。也可双腿并拢，让双膝紧靠，然后将膝盖偏向与你讲话的人。偏的角度视沙发高低而定，但以大腿和上半身构成直角为原则，以表现女性轻盈、秀气的阴柔之美。

3 曲线坐姿

双膝并拢，两腿尽量偏向后左方，让大腿和你的上半身成90度以上，再把左脚从右脚外面伸出，使两脚的外线相靠，使你的身形呈S形，优雅而妩媚。采取这种坐姿的女性一般是完美主义者，极重视自我的完美，追求每一部分、每一细节都显优雅，无懈可击。

4 正式坐姿

膝盖与脚跟并起，背脊伸直，头部摆正，视线向着对方。这种坐姿可用于面谈之类的正式场合，可给予对方诚恳的印象。但双膝不要并得太紧，一动不动，这体现了你的紧张感和不安全感。

坐时应克服不雅的坐姿，包括半躺半坐，前仰后倾，歪歪斜斜，两腿伸直跷起或双腿过于分开，跷二郎腿并颤腿摇腿，将两手夹在大腿中间或垫在大腿下等。不雅的坐姿给人轻浮且缺乏修养的印象，是失礼及不雅的举动。

容貌和身材是天生的，但坐相却是可以更改的，坐相不佳直接影响气质。因此，聪明女孩应时时注意约束自己，在潜移默化之中渐渐养成保持优雅坐姿的习惯。

让对方为你的声音着迷

如果你有一副好听的嗓音，那么这就是你参与说话讨论的天生资质，你一定能引起别人的注意，很可能因此成为讨论的主角。如果你没有一副悦耳动听的好嗓音，那么你也要力求使自己的声音给人以如沐春风之感。

怎样才能使你的声音为你增添魅力，让对方着迷呢？

1 注意自己聊天的语调

语调能反映出一个人的内心世界、情感和态度。你是一个热情诚恳、令人信服、乐观幽默、可亲可近的人，还是一个呆板保守、好挑衅、好阿谀奉承、令人生厌的人；你是一个优柔寡断、自卑、充满敌意的人，还是一个诚实果断、自信、坦率并尊重他人的人，从你说话的语调中，人们都能感受出来。

无论你谈论什么样的话题，都应保持说话的语调与所谈及的内容相协调，并能恰当表明你对某一话题的态度。

动听的语调有助于提升你的个人魅力，亲切的话语往往比雷霆万钧更能得到你预期的反应。

2 注意发音的准确性

人们所说出的每一句话、每一个词都是由一个个最基本的语音单位组成，然后加上适当的重音和语调。正确而恰当的发音，有助于你准确表达自己的思想。这也是提高你的言辞智商的一个重要方面。只有清晰准确地发出每一个音节，才能清楚明白地表达出自己的思想。相反，不清晰的发音会损害你的形象，有碍于你展示自己的思想和才能。

3 不要让声音尖刻刺耳

每个人的音域范围可塑性很大，或高亢，或低沉，或单一，或浑厚。聊天时，你必须注意控制自己的音色，不要让自己的声音尖刻刺耳。

有时，为了获得一种特殊的表达效果，人们会故意降低音调。大多数情况下，应该在自身音调的上下限之间找到一种恰当的平衡。

4 控制说话时的音量

有的人说话时为了引起别人的注意，发出的声音往往又尖又高。

其实，语言的威慑力和影响力与声音的大小，是完全不同的两回事。不要以为大喊大叫就一定能影响他人，声音过大只能迫使他人不愿听你讲话，甚至讨厌你这个人。与音调一样，人们聊天的声音大小也有其范围。试着发出各种音量大小不同的声音，仔细听听，找到一种最为合适的、最易为人所接受的音量。

5 充满热情与活力

响亮而生机勃勃的声音给人以充满活力与生命力的旺盛之感。当你向他人传递信息、劝说他人时，这一点十分重要。当你讲话时，你的情绪、表情同你聊天的内容一样，会带动和感染你的听众。

6 注意聊天的语速

在说话的时候，一定要努力保持恰当语速，不要太快也不要太慢，在聊天时不断调整。当你想和别人交谈时，选择合适的语速十分重要。偶尔停顿无关紧要，不过不要在停顿时加上"嗯"或时不时地清嗓子。

综上所述，在与人交谈的过程中，尽管音质是后天不可改变的，但只要掌握好说话的语态等方面的因素，你的声音完全可以让对方着迷。

第四章
找回生命的活力

善用女人的资本为自己谋幸福

　　语言作为女人的武器,不仅可以帮助女人战胜自己的竞争对手,在激烈的竞争中脱颖而出,而且还可以使女人在危险的环境中占据主动,化险为夷。

　　可惜的是,大多数女人并不知道自己的这一先天优势,所以从未善加利用。比如遇到抢劫等危急时刻,女人总是以弱者自居,希望能从别人那儿、男人那儿得到帮助。当别人靠不住时,女人就只好自认倒霉了,同时还不忘用"女人当然不是男人的对手"进行自我安慰。

　　女人真的不是男人的对手吗?当然,如果女人和男人发生身体上的对抗,女人肯定占不到什么便宜。可是,如果女人能善加利用女人的优势,以柔克刚,男人也就不敢视女人为等闲之辈了。

在先天优于男人的众多优势中,女人超强的语言能力是男人所不能及的。争论中,女人总能让男人哑口无言;在表达同样的想法时,女人总能比男人表述得更清晰到位;在描述一件事实时,女人总能比男人说得绘声绘色。日常说话是这样,学外语是这样,就是中风,男人也不如女人的语言能力保留得好。

这个优势是由女人的大脑结构决定的。女人的语言功能较均匀地分布定位在两个大脑半球。而男人则不是,习惯使用右手的男人,他的语言功能则主要定位在脑的左半球。

出色的语言能力决定了女人更适合与人交谈,无论是一般的朋友聊天还是严肃的商业谈判,女人往往都能够占据主动,顺利实现自己的交流目的。而有了这一保障,女人完全也能像优秀的男人一样,在职场中得心应手,在家庭关系中如鱼得水,在人际交往中从容不迫。

独特的大脑结构——信息可以在两个大脑半球之间迅速传递,这决定了女人的感觉能力也是优于男人的。女人的眼睛会说话、女人的背后长眼睛、女人有第六感觉、女人的直觉最灵敏等,都不是凭空给予女人的恭维,这都是事实。几个世纪以来,女人一直被誉为拥有超自然能力,包括预言结果、揭露谎言、与动物交流和发现真理。女人的感觉能力可以说是相当优秀的。

说实话,这也是让男人最郁闷、最困惑的一点。女人能清楚地觉察出别人心里不愉快或感情受到伤害,而男人却不能。他们只有看到女人流泪、火冒三丈或被扇了耳光后,才意识到发生了什么不对劲的事。

男人对女人说谎很容易就会被发现并被揭穿，因为女人通过迅速收集信息，包括男人的眼神、语言、肢体语言等能直接判断出男人的话有多少是真、多少是假。只有在电话、信件或黑暗的房间中，男人说谎才可能成功。相反，女人对男人说谎却不容易被男人发现，因为男人对语言信号和非语言信号的不协调一点儿都不敏感。

在语言能力和感觉能力上，男人在女人面前往往会自愧不如，但在思维能力上他们却颇为自信，有些男人甚至偏激地认为女人根本就不会思考。的确，如果论及思维的深度、专注程度、空间能力、逻辑能力等，女人是不如男人，但是从思维的多向性和想象力看，男人却不如女人。女人可以同时做几件互不相关的事，还能不出错，而男人却不行，他们一次只能专注于一件事。在那些需要发挥创造性的领域，女人往往会表现得更加出色。

女人在紧急的情况下往往能急中生智，提出不同的建议，想出有效的解决办法。这是因为女人的思维方式是网络式的，当遇到紧急情况的时候，她们的整个大脑就会完全兴奋起来，而大脑内部这个庞大的网络也会开始多方向搜集有利的信息，所以女人考虑问题往往更全面，而且可以针对同一个问题提出不同的解决方法。

天生的语言、感觉、思维优势造就了女人的组织能力、规划能力和管理能力也优于男人。

无论是多么复杂混乱的局面，女人都有能力迅速地重新组织一切，让其变得井井有条。在处理一些琐碎的事务上，女人比男人更有耐心，所以会比男人完成得更好；在行政、文秘等岗位上，女人一般都会做得得心应手，这主要是因为女人天生就具有化繁为简的能力。

受天生的组织才能影响，女人还有着不俗的规划能力，这一点在家庭生活中就可以体现出来——结婚生子之后，生活不断发生变化，但是女人的生活却从来都没有陷入混乱之中。从这一点看，女人也完全有能力胜任统揽全局的工作。

女人在管理上比男人更占优势。首先，管理者应该具备的组织和规划能力都是女人的强项；其次，女人具有敏锐的洞察力，这使得她们更容易发现每个员工的特长，因此可以将员工的潜能发挥出来，为公司创造更大的利润；此外，女人还具有很强的语言能力，她们可以巧妙化解工作中的各种矛盾，增强企业的凝聚力。

在能力上，女人也拥有男人不可匹敌的优势。这些优势女人如果利用好了，不但能克制住男人，也能让女人像男人一样潇洒豪迈地游走四方。

毋庸置疑，在现在的社会，涉及到具体事务时，男人还占据着绝对的优势。也就是说，相对男人的身体、社会地位、所占据的社会资源等，女人的确是弱者。但是别忘了，女人可以顺水推舟，在充分调用各种资源的条件下发挥优势、养精蓄锐，然后开创出属于自己的幸福天空。

好女孩和好女人的大误区

什么样的女孩是好女孩？什么样的女人是好女人？按老祖宗的标准，就是必须得能做到"未嫁从父，出嫁从夫，夫死从子""妇德、妇言、妇容、妇工"（妇女的品德、辞令、仪态、女工），即所谓的"三从四德"。于是，女孩从一懂事那天起，就被其父母灌输"一定要听话啊，只有听话的女孩才能得到别人的喜爱"的观念。

于是，被洗脑的女孩就成了"乖乖女""乖乖媳"。未嫁之前对父母之命言听计从。只要是父母吩咐的，就一定照办，从不忤逆父母，即使自己有不同的意见也不敢表达，否则自己都会鄙视自己不孝顺。为人妇之后，对夫君之言百般迁就顺从。一切以丈夫的意见为主，从不独立决定家里的事情，自己的想法一般都忽略不计，否则，家庭破裂、丈夫私奔就全是自己的错了。

被洗脑的女孩、女人不会轻易对别人发脾气，因为她们害怕自己的怒火会伤害到别人，更怕给别人留下不好的印象；她们不会向传统道德挑战，因为在她们看来，违背道德的女孩绝不是好女孩，而且也必然会遭到社会上所有人的指责和唾弃。

就是在工作上，这样的女孩、女人也会表现得谦虚勤奋，从不表露自己的才能，因为她们害怕别人说自己吹嘘炫耀。她们会愚蠢地认为"是金子就会发光"，只要自己有能力，总会有被发现、被重用那一天。

这真是女人的悲哀。人类社会文明程度已经达到相当水平的今天，竟然还会有女人被封建礼教束缚得全没了自我。她们小心翼翼地刻意讨好父母、丈夫、身边的所有人，以期望赢得一团和气、皆大欢喜。可是，这样的女孩、女人真的就能获得幸福吗？未必。

这样的女人其实是陷入了巨大的误区。何谓"三从四德"？那是为适应父权制家庭稳定，维护父权、夫权利益需要制订的"内外有别""男尊女卑"，那是对女人的歧视和侮辱。男人，不管是父亲还是丈夫，不一定总是正确的。女人不能做男人的附属品，而忽略自己内心的感受和幸福吗。虽然现在不再用"三从四德"对女人上纲上线了，但要防止它的余毒沉淀在某些软弱女人的骨子里、血液中。

女人也是人，也有享受快乐和幸福的权利。就算是父母说的，也没有必要为了让他们满意而违心地去遵从。盲目遵从父母的结果很可能就是放弃理想，放弃爱情，放弃自己想要的生活。丈夫的意见也没必要言听计从，那些错误的想法、观念和做法绝不会因为是出自于你的丈夫就不会给家庭造成损失、带来厄运。

人际交往也是一样，虽然我们更推崇女人要做个"柔道高手"，但那也并不是让你一味的柔，一味的软。所谓的"柔道"其实是一种策略，该软的时候要软，该韧的时候要韧，该硬的时候也不能含糊。如果一味地忍让和退让，换来的一定是别人的得寸进尺和你的心力交瘁。所以，该发表异议的时候就不能吞吞吐吐，该表达愤怒时就不能假装涵养和大度，否则，别人会认为你是无能的人，会欺负你。当然，表达异议和愤怒要讲策略，首先，不能气坏了自己；其次，不能把人际关系搞得一团糟；最后，不能让自己陷入绝地。

职场中更是如此，这样怀揣被动心态的女孩或女人，等来的只能是被忽略和被埋没。如果不主动表现，有能力的人也会由"人才"变成"人口"，最后淹没在泱泱的人流中。

女人应该对自己好一点儿，虚无缥缈的东西和实实在在的生活相比，简直就是不值一提。对女人来说，生活幸福才是硬道理。在别人那儿讨得一百、一千、一万个好也不如过上幸福生活更具有实际意义。这笔账相信聪明的女人们都能算得清。

找回自己，把握生命主动权

现实生活中，很多女人都在没有自我地活着：她们很会设身处地地为他人着想，也很愿意全心全意地为他人行方便。把家务操持得井井有条，把职业和孩子处理得完满妥当，把主妇角色扮演得尽职尽责，把丈夫服侍得心满意足。一旦自己的需求和家人的需求、自己的事业和丈夫的事业发生冲突，让路的永远是自己。

这些女人或许不承认丢弃了自我，或者干脆没意识到，但如果问她们一个问题：你和你自己的内心世界保持一致了吗？想必她们就会对自己的人生有所思考了。没有自我地活着的人当然无法和自己的内心保持和谐，因为她们外在的要求和自己的真实要求没有取得平衡。

没有自我的女人往往会被冠以伟大的帽子，因为她们温顺善良、言行得体、举止大方，处处为他人着想，永远将别人的需求放在第一位，只要能让身边的人满意，自己受再大的委屈也没关系。这样的女人或许是可歌可泣的，但她们却绝不会获得心灵上的幸福，因为寻常女人的顺从和奉献都是为了得到想得到的回报，但是这世界并未公道得有付出就必然有回报，这样付出者自然就会非常失落，甚至抱怨自己命苦。不能做自己想做的事，也不能过自己想过的生活，她们甚至会认为生活毫无意义。

之所以不快乐，还因为她们在丢弃自我的同时把自己的价值也一并丢弃了。而意识不到自己价值的人又往往会认为自己必须要依靠别人才能生活得更好——当自己做成一件事的时候，她们会认为是因为自己的运气好或者有他人的帮助；而当她们做不成一件事的时候，则会将问题归结在自己的无能为力上。即便她们做出的美餐受到全家人的称赞，完成的策划案得到领导的认可，通过自己耐心的劝说化解了朋友之间的矛盾，即便她们的作品感染了无数人，她们的热舞让全场沸腾……她们都不认为这是自身价值的体现，她们会说"这些事所有女人都能做到，没什么可自豪的"。试想，一个从未享受过自豪感和成就感的人，能发自内心地体会到快乐和幸福吗？别忘了，任何人只有意识到自己的价值才不会妄自菲薄，才不会事事都想寻求他人的帮助，才能够客观地看待挫折而不被轻易打倒，才能够真切地感受出什么是生活，什么是快乐，什么是幸福。

她们能真切地体会出自己是不幸福的，却还乐此不疲地做着自欺的事情，原因在于，自古至今，人们心目中理想女人的标准就是温顺友好、善解人意、谦逊大方、先人后己的，于是，她们就把自己修炼成了无心无脑的小绵羊，乖巧可人，不敢说出不同的意见，不敢表达真实的愿望，唯一敢做的就是如何讨人欢心、让人称意。

　　其实，女人在维持伟大形象的时候完全没必要抛弃自我，因为有独立自我的女人才更有女人的味道，才更能在她自己幸福的前提下让别人更幸福。只有拥有幸福感和想拥有幸福感的女人，才不会用整天把自己搞得疲惫不堪来塑造自己的伟大，才不会在付出的时候期望得到别人等量的回报，才不会在得不到回报的时候将自己的付出挂在嘴边，唠唠叨叨、喋喋不休，让人心烦意乱、不得安宁。

　　有的女人认为过多考虑自己的人是自私的。这纯粹是太虚伪的标榜，因为只有懂得爱自己的人才能更好地去爱别人，只有自己的需求先得到满足的人才会心甘情愿地去满足别人的需求。这是人的本性。当然，我们所说的关注并不是首先满足自己的内心需要，也并不是就让你不择手段，做天下最恶毒的女人。满足自己的需要也要有一个条件，那就是不能侵害别人的利益。

　　既然丢弃自我并不能让自己快乐、让别人快乐，女人为什么不试着作出一些改变呢？尊重别人的意见，却不放弃自己的想法；体谅别人的辛劳，同样爱惜自己的身体；帮助需要帮助的人，却不勉强自己；全心全意地爱自己的丈夫，却不因为爱他而失去自我。女人只有做到这些，才不会让自己成为别人的附属品和情感上的累赘，才能让别人快乐轻松，让自己快乐幸福。只有这样，女人才会拥有生命的主动权，才能自主地把握住命运的走向。

为了幸福勇敢地作出改变

拥有自我，尊重内心需求并尽力满足它们的女人，一定是无所顾忌，敢想、敢说、敢做的勇敢女人。就像南丁格尔，她之所以成为女性的骄傲，就在于敢于拒绝顺从父母的意愿，拒绝接受"前途光明"的婚姻。就像首位以色列女性总理梅厄夫人说的："人的一生中没有什么东西是生来就有的。仅仅靠信仰的力量是不够的，还必须具有克服障碍和敢于战斗的力量和勇气。"

但是很多女人却不这样做。究其原因，不是因为她们伟大无私，而是因为她们不自信。不自信的女人总会心怀种种担忧，怕这怕那，总认为少了对别人的依赖自己不能活得很好，于是就选择丢弃自我，百般地讨好别人。一旦出现自己应付不了的局面时，就更会感到不安，进而以自己的退让来息事宁人。这样的女人实在需要作出彻底地改变了。

改变的前提就是弄明白自己不自信的原因。到底哪些情况是自己应付不了的？是巨大的工作压力还是繁重的家务负担？是他人的非议还是一个人的孤单？是对新事物的恐惧还是对改变现状的担忧？

如果是巨大的工作压力让你不自信，就弄清楚压力究竟来自何处，是自己的专业知识欠缺还是没有掌握工作技巧？是领导的故意刁难还是同事的刻意疏远？找到了压力的来源，应对起来就没那么困难了。

如果是专业知识欠缺，那就补充专业知识；如果是没有掌握工作技巧，那就多学多练；如果是领导故意刁难，那就将自己的能力展现出来给领导看，让领导认识到自己的价值；如果是同事的刻意疏远，那就善待身边的这些同事，但不必去讨好他们。

如果是繁重的家务负担让你不自信，那就找个人来帮你做。做家务不是你一个人的责任，你完全可以理直气壮地要求丈夫和孩子帮你一起做，这是他们应该做的。

如果是他人的非议让你不自信，那就问问自己是不是真如他们所说的那样，如果答案是否定的，那就由他们说去吧，别人的感受你无法控制，但你完全可以不去在乎他们的感受。

如果是孤独让你不自信，那就告诉自己：在家庭中，你的丈夫和你的孩子都比你需要他们更需要你，你完全不必担心他们会轻易离你而去。

如果是忽然的改变或新事物让你不自信，那你应该清楚，任何事物都处在不断的发展变化之中，这是自然界的一般规律，人类本身也是如此。既然是不可违背的自然规律，那就去适应并接受它好了，何必非要逆天而行，做无用功呢？

其实，女人只要对自己充满信心，认为自己有能力应付各种混乱局面，那一切就会为之改变了。事实上，女人本来也具备这样的能力，甚至比男人还强，所以，女人大可以放心大胆地追求自己想过的生活，而不必再委屈自己。

有了自信之后，自然就有勇气大胆主动地作出改变了：对自我价值重新认识，改变惯常的唯唯诺诺的做事方法以及处世态度，让自己成为一个敢想、敢说、敢做、敢于争取幸福的勇敢女人。

在开始的时候，你的改变一定会引来别人异样的目光和质疑。这些都很正常，毕竟你的勇敢抗争——小羊羔变成了一头狼，会让他们有点不适应。让他们马上接受一个不一样的你是件很困难的事，他们还没作好充分的心理准备。

但对于勇敢的女人，这算不上什么。因为谁都没有办法左右别人的感受，也不需要对别人的感受负责，你只是在维护你自己的利益而已。你能做的就是对自己的感受负责，别人接不接受是别人的事，与你无关，你只需要让自己满意就足够了。再说，无论你做什么，都不可能让所有人满意；随着时间的推移，随着你的改变，最后既成事实的东西，他们不认可也得无可奈何地认可。

当然，这并不是说你可以随意损害他人的利益，恶劣的损人利己也是很可耻的。

虽说不必过多地考虑身边人的感受，但也并不意味着你就可以脱离他们独自生活，所以你必须要给出合理的解释。你应该告诉他们目前的生活状态带给你哪些痛苦、你希望过什么样的生活、是什么促使你作出改变以及你想怎样改变等等。当他们了解了你为什么要改变以后,他们仍然可能会作出种种不解的反应,但没有关系,因为你要做的只是让他们认清你要改变的事实,而不是征求他们的意见,他们只需要试着去接受这些就可以了。

也许你会认为保持目前平静的生活很好,至少可以避免使自己陷入孤军奋战的境地之中,但你有没有想过,如果你一直都忍气吞声,忽视自己的感受,那你就永远都不可能获得真正的幸福和快乐。

究竟是继续委曲求全、假装平静,还是掀起一场狂风暴雨之后获得真正的平静,就要看你自己的选择了,你的命运会因为你的不同选择而走向两个方向。

永葆你的别样风情

卡耐基认为,这样一种女人最具魅力:她们聪明慧黠、人情练达,超越了一般女孩子的天真稚嫩,也迥异于女强人的咄咄逼人。她们在不经意间流露着柔和知性的魅力的同时,也同人群保持若即若离的距离。

做人群中最耐看的风景

英国作家毛姆曾经说过:"世界上没有丑女人,只有一些不懂得如何使自己看起来美丽的女人。"现代女性早已经学会在繁忙和悠闲中积极地生活,懂得如何读书学习,也懂得开发自身的潜能，从而使自己的女性魅力光芒四射。

下面是一位女性朋友的心得：硬件不足软件补（沙浜，女，35岁）。

作为一个女人，只有漂亮的脸蛋是远远不够的，她必须学习，不断地在精神上有所进取。当然，并不是因为我丑才说这番话的。因为相貌一般或欠佳的女性，非常明白自身的缺陷，所以就特别懂得去发掘自己的个性美，更注重内在气质的培养和修炼。

我曾在一家国有企业任职，我们办公室有两女三男，另一个女孩的确长得很漂亮，她也因此占尽了便宜。但要论能力、论业务，她样样不如我。可一遇到长工资、晋升职称、疗养的机会，却样样都是她的。

面对这些不公平，我没有说什么，只是暗暗地读书学习，报名参加了英语班、计算机班和舞蹈训练，给自己"配置"和"升级"了许多优秀的软件，因为我很清楚自己的硬件不足，只有靠软件来补了。

两年后，我辞职来到一家合资企业。在那里，我从一名职员开始做起，一直做到总经理助理。在一次谈判结束后，对方的老总邀请我共进午餐。后来，他成了我的先生，他说那天我在谈判中沉着冷静、不卑不亢的态度和优雅的举止、不凡的谈吐，深深地吸引了他。当时，他觉得我是最美的女人。

现在，我已经自己做了老板，有了一个可爱的孩子。先生说我在家庭中是贤妻良母，在事业上是个优秀的管理者。

看来，有情趣、有智慧的女人是最美的。女性的智慧之美胜过容颜，因为心智不衰，它超越青春，因而永驻。"石韫玉而山晖，水怀珠而川媚。"西晋人陆机这样评说智慧之美。谚语云："智慧是穿不破的衣裳。"衣裳，自然是与风度美息息相关的。所以，现代女性中注重培养自身风度之美者，在不断改善自身的意识结构和情感结构的同时，无不特别注重改善自身的智力结构，积极接受艺术熏陶，使自己的风度攫获闪耀的智慧之光。

很多男人在言语行文中流露出一种对知性女人心驰神往却又可望而不可即的无奈与惆怅，在他们眼中，这一类女人人间难求，绝对不是俗物。事实上，"知性女人"是食人间烟火的俗人，她们同样离不了油盐酱醋茶，同样要相夫教子，因为只有大俗方能大雅，只有这样才是完美女人。

在卡耐基看来，知性女人的优雅举止令人赏心悦目，她们待人接物落落大方；她们时尚、得体、懂得尊重别人，同时也爱惜自己。知性女人的女性魅力和她的处世能力一样令人刮目相看。

在卡耐基眼里，灵性是女性的智慧，是包含着理性的感性。它是和肉体相融合的精神，是荡漾在意识与无意识间的直觉。灵性的女人有那种单纯的深刻，令人感受到无穷无尽的韵味与极致魅力。

具有弹性的性格

弹性是性格的张力，有弹性的女人收放自如、性格柔韧。

她非常聪明，既善解人意又善于妥协，同时善于在妥协中巧妙地坚持到底。她不固执己见，但自有一种非同一般的主见。男性的特点在于力，女性的特点在于收放自如的美。其实，力也是知性女人的特点。唯一的区别就是，男性的力往往表现为刚强，女性的力往往表现为柔韧。弹性就是女性的力，是化作温柔的力量。有弹性的女人使人感到轻松和愉悦，既温柔又洒脱。

真正的智慧女性具有一种大气而非平庸的小聪明，是灵性与弹性的结合。一个纯粹意义上的"知性"女人，既有人格的魅力，又有女性的吸引力，更有感知的影响力。她不仅能征服男人，也能征服女人。

这类女人不必有羞花闭月、沉鱼落雁的容貌，但她必须有优雅的举止和精致的生活。不必有魔鬼身材、轻盈体态，但她一定要重视健康、珍爱生活。她们在瞬息万变的现代社会中总是处于时尚的前沿，兴趣广泛、精力充沛，保留着好奇纯真的童心。她们不乏理性，也有更多的浪漫气质——如春天里的一缕清风。书本上的精词妙句，都会给她带来满怀的温柔、无限的生命体悟。她们因为经历过人生的风风雨雨，因而更加懂得包容与期待。具有了灵性与弹性完美统一的内在气质。具体来说，女人的魅力主要体现在以下几个方面：

1 丰富的内心

有理想，是内心丰富的一个重要方面；有知识，是内心丰富的另一个重要方面，这是现代女性所必不可少的。掌握一定的科学文化知识会让使女性魅力大放光彩。除此以外，女性还需要胸怀开阔。法国作家雨果说过："比大海宽阔的是天空，比天空宽阔的是人的胸怀。"

2 突出的个性

女性的美貌往往具有最直接的吸引力，而后，随着交往的加深、广泛的了解，真正能长久地吸引人的却是她的个性。因为这里面蕴涵了她自己的特色，是在别人身上找不出来的。正如索菲娅·罗兰所说："应该珍爱自己的缺陷，与其消除它们，不如改造它们，让它们成为惹人怜爱的个性特征。"刚柔相济是中国传统美学的一条原则，人的温柔并非沉默，更不是毫无主见。相反，开朗的性格往往透露出女性天真烂漫的气息，更易表现人的内心世界。

3 优雅的言谈

言为心声，言谈是窥测人们内心世界的主要渠道之一。在言谈中，对长者尊敬，对同辈谦和，对幼者爱护，这是一个人应有的美德。

4 高雅的志趣

高雅的志趣会为女性的魅力锦上添花，从而使爱情和婚后生活充满迷人的色彩。每个女性的气质不尽相同。女性的气质跟女性的人品、性情、学识、智力、身世经历和思想情操分不开。要有优雅的气质和风度，需有良好的教育和修养。

我们可以这么说，魅力实际上是一种无形的吸引力，是人类社会中各种交往活动不可缺少的条件，也是由心理的、社会的、文化的、习惯经验的等诸多因素相融合的统一体,并在人际交往中得以充分的表现。魅力包含着深厚而丰富的心理内容,是一种人格特征,是人们心理机制与外在行为的完美统一,也是人际间评价美的唯一的标准。

展现女人的性感

卡耐基曾说过一句经典的话:"我认为女人的性感并不是如何去吸引男人,而是凭借自身的无穷魅力将其发挥到极致。吸引男人的目光并不十分重要,只有吸引男人们的心才是完美地诠释了性感。"

一直以来,性感的女人被喻为一朵欲望之花,能够迷惑男人的眼睛,在任何场合,性感女人都会散发出不可阻挡的光芒。不同的女人有不同的味道,很多男人认为性感女人是最有女人味的。

那么,究竟什么是性感呢?据性心理学研究,男人心目中的性感,除了发自女性的性特征和自信心、懂幽默、爱浪漫、刺激及冒险外,原来还有一些比较虚无抽象的元素,其中的神秘感就是另一个性感元素。电影史上的性感明星如玛莲娜·迪特里茜、碧姬·芭铎等,哪个没有深不可测的神秘眼神?女人在自己喜欢的男人面前,要给对方留有揣摩与想象的空间。留有余韵也是展现神秘感的一种手段,总之,就是不要完全满足对方的好奇心。

现代的性感早已超越视觉、身材或是暴露多少的范围,如花灿烂的笑靥、天真或带媚态的眼波、沉溺于思考或想象时忧郁而出神的神态，都是内敛的性感。性感女人的肢体语言，无奈和惊叹时的扬眉、开心时的大笑、深情凝望时的眼眸，都是别样的"性感"。

性感本身就是每种雌性动物都有的天赋条件。女性刚醒来时的一对惺忪睡眼、喝酒后的微醉与一脸绯红何尝不性感？而这正是构成美感的元素，故性感无须刻意追求，性感原本就是上帝烙在女人骨子里的性磁力，女人只需自信地彰显自己，你的性感，别人自然而然就会感受到了。

永葆女人味

每个女人都希望自己青春永驻，但我们最终都会老去。但所幸，女人即使没有青春，还有精神，还有女人味。女人味是一种恒久的魅力，与年龄无关，它永远散发着引人入胜的魔力。

青春无法把握，失去了无须惭愧，但女人味却是一种精神，把它丢失了就是一个女人最大的悲哀！青春少女是一首浪漫的诗歌，节奏明快，旋律优美，恰似春光明媚；成熟女性则应该是一篇抒情散文，情愫悠悠，蕴涵深邃，令人眷恋。所以，女士们，请一定要珍惜自己，让女人味伴随自己一生。

所谓女人味，指的是一种人格、一种文化修养、一种品位、一种美好情趣的外在表现，当然更是一种内在的品质。简而言之，女人味就是女人的神韵和风采，是真正的女性美，使得女性的形象更美丽，女性的人生更精彩。女人味堪称是对女人最到位的赞美。

那么，到底什么才是女人味呢？无论女人到了哪个年龄段，

以下这几个特征都是一个有女人味的魅力女人所共有的:

1 智慧

外表漂亮的女人不一定有味,智慧的女人却一定很美。因为她懂得"万绿丛中一点红,动人春色不需多"的规则,具有以少胜多的智慧;容颜可以老去,但智慧不会褪色,一个充满智慧的女人,会具有与时俱进的魅力。

2 有度

再名贵的菜,它本身也是没有味道的。譬如"石斑"和"鳜鱼",虽然很名贵,但在烹调的时候必须佐以葱姜才能出味。女人也是这样,妆要淡妆,话要少说,笑要微笑,爱要执著。无论在什么样的场合,都要把握好尺度,好好地"烹饪"自己。

3 品位

前卫不是女人味,不要以为穿上件古怪的服装就有品位了。真正的品位来自生活的智慧和丰富的内心。

4 展示最真实的自我

所有的女人都渴望自己在性格和外表方面对别人具有很大的吸引力。在现实生活中,真实的你是最能打动人的,因为这样的你有血有肉,有喜怒哀乐。真正有修养的人,气质是从骨子里透出来的,绝不是矫揉造作。所以女性一定要学会接受自己的外貌;对别人热情、关心;仪态端庄,充满自信;保持幽默感;不要惧怕显露自己真实的情绪;有困难时,真诚地向朋友求助。

掌握了这几个小秘诀，你就能修炼成具有独一无二的完美气质的女人。

别丢了"矜持"两个字

作为一个女人，毋庸置疑，你的一生将会陪伴一个男人度过，而男人最喜欢的莫过于矜持的女人。与矜持的女人在一起，男人才会真正懂得为什么女人需要男人去珍惜，去尊重。

矜持是人的一种素养。一个有内涵的女人，她的生活字典里是少不了"矜持"这两个字的。那何谓矜持呢？矜持是一种羞涩，也是一份清高，是对自己的爱护和尊重，那是人的一种高贵优雅的姿态。正因为有了这样的一种矜持，才使人觉得这个女人真是一个有气质、有涵养的人。

因为矜持的女人是婉约的，是高贵的，她在低吟浅笑间就能够流露出一种赏心悦目的温柔。女人的矜持便好似一条内敛、深邃的小溪，她也许没有你理想中的那种浪漫、婉转，但在她目光流转的神思里，你能领略到某种浪漫的滋味。你能说她不懂浪漫吗？矜持女人的浪漫，是要能懂得欣赏的男人才能欣赏到的。可以说，一个矜持的女人，便是一棵专心的秋海棠，她的所有激情与浪漫，都只为她期待的那个男人而绽放。矜持的女人是傲气的梅，她骄傲却不冷漠，也许她的外表很冷，但是却不失一种"酷酷"的感觉。

矜持的女人原来最是时尚，她知道如何在传统与新潮的思想中游走。对于该保持的传统，她绝不轻易放弃；对于该放弃的所谓时髦，她绝不吝啬。所以她的矜持，永远为她的美丽和魅力做了一道加法；矜持的女人，其本身便是一道最为优雅的风景线。

一个毫无矜持概念的女人是不堪想象的，放荡不羁，没有底线，为了自己的男人做牛做马都心甘情愿、毫无怨言，你以为这样那个男人就对你无可挑剔了？实际上恰恰相反，你的作用，只是充当了一个保姆，一个男人要一直生活在保姆的臂弯里，哪能活出有共同进步的共鸣感呢？男人别说感受不到爱了，生活的趣味也全无了。

女人总要懂得矜持。矜持，永远是女人的最高品，矜持女人是不怕找不到理想男人的。但最后要切记：矜持也要有度，过于追求矜持，结果只会适得其反。

让老板觉得你是"限量商品"

生物学家研究发现，在成群的蚂蚁中，大部分蚂蚁都很勤快，寻找食物、搬运食物争先恐后，少数蚂蚁却东张西望地不干活。

为了研究这类懒蚂蚁如何在蚁群中生存，生物学家做了一个试验：他们把这些懒蚂蚁都做上标记，断绝蚂蚁的食物来源，并破坏了蚂蚁窝，然后观察结果。

这时，发生了令生物学家意想不到的情况。那些勤快的蚂蚁一筹莫展，懒蚂蚁则"挺身而出"，带领伙伴向它早已侦察到的新食物源转移。接着，他们再把这些懒蚂蚁全部从蚁群里抓走，实验者马上发现，所有的蚂蚁都停止了工作，乱作一团。直到他们把那些懒蚂蚁放回去后，整个蚁群才恢复到繁忙有序的工作中去。

大多数蚂蚁都很勤奋，忙忙碌碌，任劳任怨，但它们紧张有序的劳作往往离不开那些不干活的懒蚂蚁。懒蚂蚁在蚁群中的地位是不可替代的，它们能看到事物的未来，能正确地把握当前的行动，它们是蚁群中的"限量商品"。

西班牙著名智者巴尔塔沙·葛拉西安在其《智慧书》中告诫人们说，在生活和工作中要不断完善自己，让自己成为一个团体的"限量商品"，使自己变得不可替代。让别人离了你就无法正常运转，这样你的地位就会大大提高。

事实确实如此，如果一个女人在她所供职的公司中变得不可替代，那她还愁得不到上级的青睐吗？比如在公司里你能勤动脑，以战略的眼光去思考企业的发展，不断寻求企业新的增长点，不断开发新产品，开拓新市场，把握住企业的目标，努力让企业"做对的事"，那你一定会成为公司的顶梁柱，那时还愁没有升职加薪的机会吗？

一位成功作家曾聘用一名年轻女孩当助手，替他拆阅、分类信件，女孩的薪水与相关工作的人相同。有一天，这位成功作家口述了一句格言，要求她用打字机记录下来："请记住，你唯一的限制就是你自己脑中所设立的那个限制。"

她将打好的文件交给老板，并且有所感悟地说："您的格言令我大受启发，对我的人生很有价值。"

这件事并未引起成功作家的注意，但是在女孩的心目中留下了深刻的印象。从那天起，她开始在晚饭后回到办公室继续工作，不计报酬地干一些并非自己分内的事，譬如，替代老板给读者回信。

她认真研究成功作家的语言风格，以至于这些回信和老板写的一样好，有时甚至更好。她一直坚持这样做，并不在乎老板是否注意到自己的努力。终于有一天，成功作家的秘书因故辞职，在挑选合格人选时，他自然而然地想到了这个女孩。

在没有得到这个职位之前，女孩就已经身在其位了，这正是她获得这个职位的最重要原因。当下班铃声响起之后，她依然坐在自己的岗位上，在没有任何报酬承诺的情况下，依然刻苦训练，最终使自己有资格接受这个职位。

故事并没有结束。这位年轻女孩的能力如此优秀，引起了更多人的关注，其他公司纷纷提供更好的职位邀请她加盟。为了挽留她，成功作家多次提高她的薪水，与最初当一名普通速记员时相比已经高出了四倍。对此，做老板的也无可奈何，因为她不断提高自我价值，使自己变得不可替代了，老板不得不像珍惜"限量商品"似的珍惜她。

聪明女孩，如果希望不断发展，提高身价，就要积极主动，不断地给自己充电，不断地完善自己，提高自身的竞争力，让自己成为老板眼中的"限量商品"。

美丽是女人一生的使命

卡耐基站在一个男人的立场,对所有女人说,一个男人对着女人一张精致的脸说话要比对着一张粗糙的脸说话有耐心得多。尽管男人说出这样的话使大多数女人不满,但这又确实是不争的事实。因此有人说:美丽是女人一生的使命。

女人要懂得爱护自己

聪慧的女人,就是懂得爱护自己的女人,不仅要让自己的生活有品质、有情调,还要懂得保持美、提升美。

某电视台有个《情感部落格》栏目,由资深心理专家与观众见面交流,现场分析当事人的情感困惑。有一期嘉宾是一对新婚燕尔就起纷争的青年男女,在说起吵架的原因时,年轻的妻子这样抱怨:"和我一起逛街时,见到长得漂亮的女人他就瞅人家,有时候人家走远了,他还回过头去看,这让我很受不了。为这事我们吵了无数次。"

事例中这位女性的话似乎道出了一种普遍的现象:男人有对美女趋之若鹜的"好色"本性。说"好色",不如说"爱美"。每个男人都喜欢美女,爱看美女,不管他嘴上承不承认。《英国皇家学会生物学学报》公布的一份研究报告称,男性在凝视美女的面部或身体时,会触动大脑的"满足中枢",从而产生快感。从这个意义上来讲,"好色"可以说是人的天性。其实,"好色"绝非贬义词,它代表着人皆有之的爱美之心。

《色·戒》的导演李安也说过："色，是我们的野心、我们的情感，一切着色相。"食色，性也。这是人之本性，而人之本性不可移。

美国杜克大学医学院神经学研究中心的本杰明·海登博士说："对男性来说，看到异性时的满足感在很大程度上受到异性外表魅力的影响。"

一个智慧的女人大可冷眼旁观男人的"好色"，然后从自我修炼做起，把肌肤养得柔嫩细滑，把身体练得凹凸有致，把气质培养得独一无二……如此这般，即使你不是天生的美人坯子，那也是绝佳小女子一个。当脱胎换骨、秀色可餐的你出现在他的眼前时，你还用担心他的目光不停留在你身上吗？

维护你的容颜

懂得爱护自己的女人一定懂得妆扮自己。因此，从头发的样式、护肤品的选用、服饰搭配到鞋子的颜色，无一不需要你精心地对待。从头到脚的细致，当然是需要花很多的时间和心思的。因此，要想做高贵而有气质的女人，就必须从做细致的女人开始。可别小看了细致，也许仅仅因为指甲油的颜色不协调就导致你前功尽弃。

毫无疑问，女人的脸部呵护是极为重要的。护肤品的选购和使用绝对不能偷懒，好的肌肤是美丽的基础，完美的妆容是精神美的有效点缀。有些人天生丽质，就算不化妆也光彩夺目。但这样的幸运儿只是少数，很多人都认为自己的长相不够完美：眼睛不够大、鼻子不够高、皮肤不够细腻……而化妆的作用就是掩盖瑕疵,让你看起来更加漂亮。事实上,在正式场合下,女性化一点淡妆也被看作是礼貌的行为。

如果你不太会化妆,可以多翻阅一些美容时尚杂志,或者请教一些会化妆的"闺中姐妹"。她们会告诉你一些化妆技巧和窍门,并且你在这个过程中也能够更贴近潮流。一位有名的女化妆师说过:"化妆的最高境界可以用两个字形容,就是'自然'。最高明的化妆术,是经过非常考究的化妆,让人看起来好像没有化过妆一样,并且化出来的妆与主人的身份匹配,能自然表现出那个人的个性与气质。"所以,一般场合里,淡妆最适宜。如果你每天都浓妆艳抹地出现在别人面前,也很难带给别人美的感受。

现代女性,虽然你的肤色不是很好,你的皮肤也不是"娇嫩可人",但是只要你掌握了化妆的技巧,就会达到很好的效果,为自己增添无穷的魅力。以下是通常女性朋友觉得很自卑的两种面部皮肤的上妆方法:

1 深色皮肤

大部分深色皮肤有色斑,需要妥善处理。用比你的肤色浅的遮瑕膏,扫擦较深色或不均匀的部位;宜使用不含油脂的液体粉底,色调应该比你的肤色浅;轻轻扑上透明干粉。对于黝黑皮肤,你可能需要用有色干粉,可抹上紫丁香或粉红干粉,增加暖色的感觉;然后抹上黄褐色或古铜色胭脂;以灰色或深紫色眼影美化明眸。

2 雀斑脸

用浅色液体遮瑕膏遮掩阴影及瑕点，可将白色修护粉底液混合浅米色粉底，调成遮瑕膏，轻轻点在眼睛周围，小心按摩眼睛周围的皮肤；雀斑皮肤只需要少许干粉，如果面部的雀斑显著突出，可以采用化眼妆的方法来转移视线，把他人的注意力吸引到眼睛上；眼线要贴近眼睫毛，用灰色及褐色眼线笔，这样看来比较自然，切勿使用黑色，因为会与浅色的皮肤形成强烈的对比；涂上黑褐色睫毛液，再用软毛刷涂上浅褐色睫毛液，令眼睛看起来自然柔和；用玫瑰色唇膏掺杂玫瑰水，使朱唇保持湿润，要使妆容自然，可用海绵块轻轻抹去多余的颜色；最后在面颊上施上锈色胭脂，使之艳光四射，引来羡慕的目光。

女性除了要会根据自己的肤色化妆外，还要学会根据自己的形态特点给自己化妆，正所谓"欲把西湖比西子，淡妆浓抹总相宜"，这样才能让自己容光焕发、魅力无穷。

1 学会打粉底

在上浅色的粉底之前，先在脸上抹上薄薄一层肤色修颜液，然后再擦上少量浅色粉底，能使你的皮肤迅速白皙。

2 眼部化妆技巧

第一步是施眼影粉，眼影粉不能直接抹，应在粉底的基础上施入。涂上以后，要尽量以棉棒使之均匀。第二步是画眼线。画眼线用力要均匀。第三步是上睫毛液。睫毛液一次不能上得过多，先上一遍，等干了之后再上一遍。

3 秀出闪亮的睫毛

美丽的睫毛能给眼睛带来神秘的梦幻般的感觉。在涂染睫毛膏之前，先要用睫毛夹把睫毛夹得翘上去。涂上睫毛时，眼睛视线要向下看，睫毛刷由上睫毛的根部向睫梢边按边涂；涂下睫毛时，眼睛视线要向上看，睫毛刷要直拿，左右移动，先沾在毛端，再刷在毛根上，最后还要把粘在一起的睫毛分开。如果每根睫毛都沾有睫毛膏，而且粗浓均匀，就达到了理想的效果。

4 不同唇形的化妆技巧

厚嘴唇要先用粉底厚厚地抹一层，盖住原来的轮廓，然后涂一些蜜粉，再涂上口红。要使嘴角微微上翘。薄嘴唇在化妆时，要尽力表现出双唇的饱满，在画唇线时可以稍稍往外画一点儿，在上唇的中央画优美的曲线，使嘴唇显得丰满些。平直的嘴唇要在上唇画出明显的唇峰，下唇的轮廓呈满弓形。涂唇膏时，上下唇的中间颜色要浅一点儿，唇峰的颜色要深一点儿，深浅过渡要自然，突出立体效果。

女人只要掌握了以上这些简单的化妆技巧，就会让自己时刻保持光彩夺目，让自己的外在形象更加富有魅力。

打理好头发

绝大多数的男人喜欢留长发的女子，觉得那样的女子才够美丽、够温柔。女人飘逸的长发，似乎成了女人温柔、美丽的代名词。

在如歌的岁月里，女人更应该精心地呵护自己的一头长发，在长发飞舞中展示自己的美丽，彰显自信。多少生活的无奈，多少光阴的瑰丽，都会在飞舞的长发里，或淡然而逝，或翩然凝思。

在不少男人眼里，现在女人的头发越来越没有味道了。现在女人的头发，有了各种颜色的染色剂，有了各种样式的烫发，可惜独缺了一份真正打动男人心的纯美感觉。

很多男人对女人头发的愿望和期待，是一头披肩的长发。有首人们熟悉的歌《穿过你的黑发的我的手》，很多男人都很喜欢，因为它道尽了青春岁月里美丽的忧伤，让人不禁想起了初恋的情人，那位长发飘飘的女孩，三千青丝瀑布般倾泻下来，如山花一样烂漫。人在画中走，指在发间游，长发随风飘起，引人无限遐思。

虽然各大美发品牌、造型店、时尚杂志都在引领各种时尚发型的风潮，可实际上，男人大多喜欢女人直发，而不喜欢烫发。而如今的不少女人选择了了烫发，越来越少的女人仍然坚持直发。

男人喜欢幻想，靠在女人的背上，闭上眼睛，从发梢开始嗅到女人的发顶。男人希望女人多留住一抹珍贵的发香，自然的东西才有永远的诱惑力。

张学友有一首歌《头发乱了》，现代男人喜欢这种感觉，一种迷离和叛逆。男人和女人亲昵时，男人喜欢抓紧女人的头发，那是一种牵引着激荡的刺激。

头发是女人柔情万般的性感工具。女人也许并不知道，当女人的发梢滑滑地扫过男人的肌肤时，有多少根头发便会传递多少柔情蜜意。

亮泽纤柔的秀发是健康的象征，是美丽的点缀。在短时间内，它可以改变颜色、卷曲、拉直或任意盘束。然而，不当的护理，再加上环境污染、起居无序等，会使头发变成生活中的烦恼。此时，一般的洗护就起不了作用了，非要去美发店不可吗？不必。有了正确的认识和护理方法，就可以把专业洗护的感觉带回家了。

1 购买美发用品

过去我们都习惯于在商场或超市中购买洗、护发产品，现在不一样了，时尚潮流驱动我们选择一种新的购买方式来满足我们修护发丝的需要，这就是去专业发廊，像在护肤品专柜选择适合于自己的产品一样，去发廊选购适合自己发质的洗护产品。长发、短发、烫发、染发，都可以在这里找到最好、最具个性的修护。

2 防止头发干枯折断

使用专业洗发水、护发素可以保护秀发，滋润、顺滑发丝纤维，使秀发如丝、柔顺亮泽，易于排除缠结头发，能为发丝受损部分带来深层修护，强化发质，且无丝毫沉重感，也为烫后、染后或有问题的敏感头发带来生机。

3 为染过的头发护色

头发颜色最怕阳光和氧化两大杀手，日晒过久会导致头发的染色褪掉，因此，拥有各色漂亮染发的女人如果在夏季旅行的话，最好在出门前使用具有防晒效果的护发精华，以免紫外线加速头发褪色变浅。修护时，选用含有维生素的染发专用洗发水、润发乳也是十分必要的。

满含秋波的双眼

男人非常喜欢探索女性的眼睛，认为从女人的眼睛里能读出很多东西。女人可以用一个眼神拒绝男人，也可以融化男人。眼睛是心灵的窗户，内心一点点的波动，也会毫无保留地显露在眼睛的神色中。

异性之间免不了会有碰撞出火花的时刻，心灵的感应、思想的碰撞、身体的接触……不过最有情、最动人的是眉目间微妙传递的神情。判断一个女人对男人是否有情意，也从眼神开始。从女人的眼睛中可以判断出，这个女人是否还爱你、钟情于你。

通常，最吸引男人的是纯情的水灵灵的大眼睛。

现在还流行女人有一双迷离的眼睛，死死盯着你，却又似乎没有感觉到你的存在。

最打动人的是女人喝了一点红酒后的眼睛。中国女人一般含蓄、保守，而酒后微醺时的眼睛，满含春意，跳动着激情，这让她们变得妩媚而风情起来。

男人最怕女人"哭"时的眼睛，古往今来，有多少男人倒在了女人的泪眼下。不过，很多女人并不知道，尽管男人怕女人哭，怕被哭得心烦，怕被哭得心软，但让男人最痛心、最心碎的哭，是心爱的女人把眼泪噙在眼中，含泪地哭，无声地泣。男人知道，那是女人心中淌着有情的泪，不是撕碎了情的号啕大哭。女人扭转身去落泪的一瞬间最动人，最容易击垮天下硬朗的男人。

女人要想征服男人，最好的办法是在自己的眼睛里构筑男人着迷的世界。女人被男人征服，是因为男人有征服女人的能力。男人被女人征服，是因为女人有一双理解男人能力的眼睛。女人的眼睛其实是无边无际的情网，一旦她网住男人，男人就会变成她的"羔羊"。

在无数种女人的眼睛中，秋水眼绝对迷人。这种秋水眼表面有一层亮闪闪的秋水，那秋水神奇得很，除了无比美丽，还有极强的魔力，据说它能净化男人的心灵。

眼睛的美关键就在于要有神，当然要明眸如水才能传神。一汪潭水清澈荡漾，欲语还休含珠泪。所谓一顾倾人城，再顾倾人国。眼睛是最具有杀伤力的武器，面对一双含情脉脉的眼睛，没有几个人能够抵挡得了，眼睛的威力不可估量。当然，美丽的双眼不全是天生就长出来的，后天的栽培浇灌，也可以让女人由内而外全面美丽。

想要眼睛电死人，千万不要熬夜，睡眠不足肯定会带来黑眼圈，那一对"熊猫眼"着实能把人家吓死，这般模样只能和美女无缘了。

大多数女人只注重眼睛外部的美容，但想要拥有一双被称为"美丽"的眼睛，更离不开内部的护理。漂亮的女人都是明眸善睐的，一双水汪汪的眼睛最能打动人，它可以不大，睫毛可以不长，但一定要水灵。含水的眸子温情脉脉且深邃地看着男人，光对着他不说话，也能让他感受到千言万语在其中。如果这眼睛一旦变得干燥，目光浑浊涣散，就是配上西施的脸蛋儿也没用了。

用细节造就魅力

　　女人是爱情的主角，女人是家庭的轴心，女人是社会的半边天。女人的一生都在追求完美，无论在别人的眼中还是在自己的生命里，女人，都闪烁着一种无比温馨的耀眼的光芒。从细节方面着手，你一定可以成为一个魅力女人。

　　从外表看一个女人，你如何断定这个人在妆扮上所花的心思呢？一般人都是看衣服的牌子和整体形象，但是装扮高手都是关注一些细节。很多时尚女性，她们对随身小饰品都有着高标准的要求。她们可以穿几十元一件的T恤，却不能容忍在细节处的装饰上随意降格。她们十分愿意在这些细节配件中花心思。因为她们相信细节决定一切，细节可以让真正有光彩的人发出更加迷人的魅力来。

　　对打扮之道颇有心得的演员刘嘉玲也在一次采访中道出了自己对细节的重视。她认为细节的美丽是无法替代的，如果有人不修边幅、头发凌乱、带劣质手表、穿着勾丝破洞的袜子，这将是一件多么让人难堪的事情。因此，在很多时候，一个上不得大台面的细节，就像一处小小的败笔那样破坏整体的美感。相反，如果在细节处多花点心思，就能展现自己在穿衣打扮上的细致精巧。也许你的积蓄还无法承担名牌置装费用，但只要注重一些细节，在一些小配件上将自己武装起来，你一样能成为人们注意的焦点。所以，一些小细节是非常值得投资的。

女人的魅力和美丽指数除了有无内涵之外，还有的一个区别就在于细节。细节女人指的绝不是那些琐碎的、絮叨的、毫无章法的女人。相反，细节女人指的是那些典雅的人，也许并不富有，或许外表也并不十分漂亮，但是，她给人一种舒适放松的感觉，跟她待久了，你会感到一种通体的惬意和温暖。

细节女人具有一种耐人寻味的美。这种美丽和外貌无关，你可以从一个爱做玩具的小女孩身上看到，你也会从一个把自己的白发修饰得整齐美观的老妪身上看到，你可以从一个时尚美貌的女人身上看到，同样也可以从一个朴素但却用心的女人身上看到。细节无处不在，关键在于捕捉细节的眼睛，女人的美丽通常都在细节。那种翩若惊鸿的美只能在刹那间震慑人们的目光，而细节处才能散发出动人的光辉。

著名模特凯特·莫斯喜欢我行我素，很多时候，她被媒体在街上抓拍到的镜头都是素面朝天，衣饰简洁，然而她却屡屡被评为最会穿衣的名人，靠的是什么？当然是细节的点缀，也许是一副墨镜，也许是一个挎包，或者是那随意的系扣方式……"魅力女神"的魔力就化身在这奇妙的小细节中。时尚只会眷顾有心人，也许我们的衣服不起眼，但经过精心的细节点缀，我们也能成为街头的亮点。

因为细节女人都是善于感受生活的人，当许多人都在抱怨生活里缺少新鲜刺激的时候，她们的生活却过得有滋有味。因为她们能够欣赏细节，从不忽视生活的每一个细节。曾经有人说过，女人20岁的美丽不算美丽，到了50岁依然美丽的女人才是真正的美丽。我想，这种美丽已经不是单纯的"以貌取人"的美丽了，更多的倒是没有被生活磨蚀掉的风采和体味生活的敏感之心。

细节女人不会给人带来压力，她们不可能是那种张牙舞爪的女人，不会咄咄逼人；相反，她们会替人想得很周全。即使在她们帮助别人的时候，也绝不会让你们有任何不舒服或者别扭的感觉。她既给你关爱，同时绝不让对方感到尴尬。这种深入到细节处的关爱真的让你有如沐春风之感。

女人都来做个细节女人吧！千篇一律的大众美女总是让人审美疲劳，精巧的细节女人却往往能给人清新、自然、舒适的感觉。

当然，要做一个细节女人不是简单的事情，这是一个系统的浩大工程。要做细节女人，最起码的就是要细心。细心的女人会让岁月成为美丽，洗尽铅华，留下精华；细心的女人在自信的舞台上轻歌曼舞，把生活经营成童话般美丽的传奇。做一个细节女人吧，一点一滴，举手投足，一颦一笑，拿捏有度、张弛有序，让你在人生的道路上从容优雅、游刃有余。

每一位追求完美的女性都应明白这样一个道理：魅力是靠你自身全方位修炼得到的。这是一个漫长而又缓慢的过程，靠的是潜移默化、润物细无声的力量。每一个女人都应该美丽，每一个女人都应该成为魅力女人，每一个女人都应该追求完美，向完美靠拢。虽然你无法成为百分百的完美女人，但从细节方面着手，一定可以不断完善自己。

让真爱与你同行

每一位女士都梦想着获得真爱，不管她的身份是普通的女孩、家庭主妇、妻子或是母亲。的确，真爱是世界上最美妙的东西，正是因为它的存在，才使得人类社会充满了温暖。从古至今，爱一直都是永恒的话题，但同时也是一个最不易弄明白的话题。大多数女士虽然渴望真爱，但却并不能体会到爱的真谛。她们往往是简单地从性和家庭的角度去理解，并且将爱与占有、姑息、纵容和依赖等混淆在一起。

著名的婚姻关系研究学者迪罗·卡克博士曾在他的著作《如何找到真正的自我》中写道："判断一个人是否具备了完善的人格，其标志就是看他是否已经拥有付出以及接受成熟的爱的能力。"卡克博士这句话的潜在意识就是说，实际上很多人并不知道爱的真谛，大多数人对爱的理解是很幼稚的。那么，究竟什么是真爱呢？

美国婚姻协会前任主席达波拉·迪图博士曾经在接受采访时说："大多数人在向他人表达爱的时候，往往是传达这样的信息，比如我想要、我想得到、我能从什么中得到满足、我可以利用或是我为此感到羞耻。比如，一个男人对女士说：'我爱你！'而他的潜在意思就是说：'我想要你！'这些爱是很多学者宣扬的，然而却是最典型的假爱。

"真正的爱，也就是成熟的爱应该就像耶稣所说的'爱别人就像爱自己'那样。不管这种爱是夫妻之间的也好，是父母与孩子之间的也罢,更或是某个人与他人和社会之间的,总之爱的要素就应该是一成不变的。"

女士们,你们必须把握住一个原则,那就是真爱是伟大的,绝不会阻碍任何人的成长,因为它最根本的作用是鼓励他人的成长。我曾经拜访过一对老夫妻,他们对女儿的做法感到非常的不满。原来,女儿在上大学的时候结识了一名外乡男子,并在毕业后和他结了婚。父母对女儿的这种做法非常不理解,因为他们不明白为什么女儿非要选择去那么遥远的地方组建新的家庭。

那位母亲曾经说:"天啊,她长大了,已经不再听我们的劝告。难道在我们本地就没有好男孩了吗?如果她不走那么远,那么我们就可以经常看见她。为什么她就不能理解一个做母亲的心呢?"

相信,如果你敢在这位母亲面前说,她并不爱她的女儿的话,那你一定会遭到一番激烈的反击。然而,事实上,这位母亲对女儿确实不能算真正意义上的爱。因为她要求女儿理解她,但并不要求自己理解女儿,也就是说她把自己对女儿的占有欲看成了对女儿的爱。

女士们,你们必须明白,如果你真正爱一个人,那么就不要紧紧抓住他不放,而是应该让他自由地飞翔。懂得爱的真谛的人是不会想把任何人变成自己感情的傀儡的。他们希望爱的人自由,就像他们希望自己获得自由一样。我要告诉女士们的是,爱是与自由并存的。

著名作家普罗茜·罗伯斯夫人曾经在一家杂志上发表过这

样一篇文章,上面写道:"爱是什么?它就是一个人毫不吝惜地给予所爱的人需要的东西。这种给予是为了别人而并非自己。爱包括给恋人的自由、给孩子的独立。不管你是什么身份,也不管你什么职业,如果别人需要面包时你给的不是鹅卵石,别人需要同情时你给的不是面包,那么你就真正理解了什么叫爱。很多人都犯下了一个愚蠢的错误,那就是喜欢硬塞给别人一些他们并不想要的东西。这种做法非但不会让对方体会到爱,反而会让对方觉得这是一种含有敌意的做法。我相信,任何一位心理学家都不会把这种做法与真爱混为一谈的。"

的确,女士们,那些婚姻悲剧、家庭悲剧的产生,很大一部分都是因为人们不懂得爱的真谛。对于一段婚姻来说,最可怕的、杀伤力最强的武器莫过于嫉妒的爱。很多人都把嫉妒和爱混为一谈,但实际上嫉妒是一种个人对本身能力的不自信,并在占有欲的指导下逐渐膨胀的结果。几年前,我的培训班上曾经有过一位被嫉妒蒙住眼睛的女士,不过幸好她后来幡然醒悟了。

卡伊女士已经和她的丈夫结婚10年了,但最近一段时间她却总是生活在恐惧之中。原来,她已经让自己陷入了嫉妒之中,内心十分害怕有一天会失去丈夫。虽然她的丈夫并没有给她任何理由,但她还是忍不住感到恐惧。在那段时间里,卡伊女士做出了很多让人难以理解的事情,比如她会去悄悄地翻遍丈夫的每一个口袋,会到汽车里查看烟灰缸里的东西。白天的时候她的心中产生了各种各样的疑心,而一到晚上则被恐惧感折磨得无法入睡。

一天早上,卡伊女士在照镜子的时候突然发现,镜子里的那个女人太憔悴了,脸上没有一丝生气,面容也消瘦了许多,而这个女人穿的衣服看起来就像是那种装扫帚的大袋子。卡伊女士再也受不了了,对自己说:"天啊,这就是你吗?你一直都在害怕失去你的丈夫,可你现在的状况正是在给他创造理由。现在,你必须想办法解决。"于是,卡伊女士开始实施自己新的计划。

从那天起,卡伊女士开始注意自己的外形。她每天下午都会休息一会儿,并且想办法让自己的体重增加一些。接着,她又到美容院学习了一段时间,让自己知道如何化妆。慢慢地,卡伊女士觉得自己发生了变化,认为自己已经变得比以前好看多了,而这时她的态度也发生了改变。她丈夫似乎也发现了妻子的这种变化,并作出了良好的反应。这下,卡伊女士再也没有了任何疑心。当回忆起那段往事的时候,她说:"当初的我真是太愚蠢了,我为什么要把精力放在嫉妒上了呢?现在我已经成为丈夫心目中最有魅力的妻子了。"

女士们,请你们牢记这一点,当一个女人真正理解到爱是肯定而不是命令时,那么就代表着她已经拥有了去爱的能力。

说完婚姻我们再来看家庭。对于家庭来说,很多时候我们经常会在不自觉的情况下以爱的名义来伤害别人。我们经常会听到父母说:"我之所以这么严厉,完全是为了孩子好!"或是"我太爱他们了,为了让他们过得幸福,我愿意付出我的一切,甚至于溺爱也在所不惜。"这种爱是真爱吗?我们还是看一下若斯太太的例子吧。

几年前,若斯太太和她的丈夫离婚了。于是,她不得不承担自己照顾一个家庭和两个孩子的责任。虽然这对于一个女人来说未免困难一点，但若斯太太还是决定挑起重担，并且下决心一定要严厉地管教孩子，以便让他们成才。

若斯太太对我说："当时，我给我的两个孩子定下了很严厉的规矩。首先，我不接受任何形式的借口，更不会浪费时间去和他们商量什么或是听取他们的意见。我所要做的就是告诉他们该怎么做。他们不可以独立思考，必须对我所制定的规则严格执行。"

我问若斯太太："那您的这种做法有效吗？"

若斯太太回答说："有效，非常有效，但这种效果不是正面的。我发现我们的家庭关系正在起着很微妙的变化。我的孩子们开始躲着我，不愿意和我交流，更不愿意对我示爱。最后我终于明白了，我的孩子怕我，怕我这个母亲。于是，我开始反思自己的做法。最后，我得出这样的结论：我对他们要求严格并不是一种爱的表现。相反，我在不自觉中将离婚后所产生的各种压力都转嫁到了他们身上。我不是为了孩子，或许只是为了我自己。因为我是想让孩子们替我承担我犯下的各种过错。并不是那些孩子不能理解我，而是因为他们感觉到了我这种自私的做法。"

就这样，若斯女士开始改变自己当初的计划。她开始对孩子们和蔼起来，也不要求他们做这做那。她还会时不时地召开家庭会议，好听取一下孩子们的意见。她不再把所有的时间都安排在做家务上，而是抽出很多时间来陪孩子们。最后，孩子们从母亲身上体会到了真正的爱，整个家庭的环境和气氛也变得和睦多了。

是的，真爱的力量可以影响一个家庭，甚至还会影响到个人与整个社会的关系。著名的心理学家米阿德说过："一个人对朋友、工作、陌生人以及世界的态度，绝大多数是从家庭中学来的。如果一个孩子在家的时候能够得到真爱，那么他就一定会将这种真爱反馈给他的家人、朋友以及其他人。"因此，女士们必须要明白，爱并不仅限于家庭。实际上，只有我们发自真心地去爱别人，才能拥有从别人那里得到爱的力量。爱是最伟大的东西，可以让你对生活和世界充满热情，也会让你变得健康和长寿。

女士们，相信我的话，也相信爱的力量，只要你们作出努力，只要你们是发自内心的，那么你们就一定可以做到让真爱与你们同行。

谁都会爱上满心热忱的女人

世界从来就有美丽和兴奋的存在，它本身就是如此动人，如此令人神往，所以我们必须对它敏感，永远不要让自己感觉迟钝、嗅觉不灵，永远也不要让自己失去那份应有的热忱。

位于台中的永丰栈牙医诊所，是一家标榜"看牙可以很快乐"的诊所，院长吕晓鸣医师说："看牙医一定是痛苦的吗？我与我的创业伙伴想开一个让每一个人快乐、满足的牙医诊所。"这样的态度加上细心考虑患者的真正需求，让永丰栈牙医诊所和一般牙医诊所很不一样。

顾客一进门，是宽敞舒适的等待区。看牙前，可以在轻柔的音乐声中，坐在沙发上，先啜饮一杯香浓的咖啡。

真正进入看牙过程，还可以感受到硬件设计的贴心：每个会诊间宽畅明亮，一律设有空气清洁机。漱口水是经过逆渗透处理的纯水，只要是第一次挂号看牙，一定会替患者拍下口腔牙齿的全景X光片，最后还免费洗牙加上氟。一家人来的时候，甚至有一间供全家一起看牙的特别室。软件方面，患者一漱口，女助理立即体贴地主动为患者拭干嘴角。拔牙或开刀后，当天晚上，医生或女助理一定会打电话到患者家里关心患者的状况。一位残障人士到永丰栈牙医诊所拔牙，晚上回家正在洗澡，听到电话铃响，艰难地爬到客厅接电话。听到是永丰栈关心的话时，他感动得热泪盈眶，说："这辈子我都被人忽视，从来没有人这样关心过我。"

从一开始就想提供令就诊者感动的服务，吕晓鸣以热情洋溢的态度赢得了市场，也增强了竞争力。

可能很多人都觉得市场经济是冷冰冰的，没有什么人情可言，所以很多人在经济追逐中感受不到温暖，只会觉得恐慌。但是我们的心态是可以调整的，我们的态度是可以改变的。保持一颗热情的心，你就会像火炬，感染身边的每一个人。

成功学创始人拿破仑·希尔指出，若你能保有一颗热忱之心，那是会给你带来奇迹的。热忱是富足的阳光，它可以化腐朽为神奇，给你温暖，给你自信，让你对世界充满爱。热情的女人是顾盼生辉的，热情的女人在人生的舞会上，必然是全场的焦点。"如同磁铁吸引四周的铁粉，热情也能吸引周围的人，改变周围的情况"。

做生机勃勃的女人

"我终究没能飙得过那辆宝马，只能眼看着它在夕阳中绝尘而去，不是我的引擎不好，而是我的车链子掉了。"很多人把这句话当成笑话，却没有人注意到说这句话的人表现出的对生活的热情：你不用管我的车是多大马力的，只要我愿意，我就可以蹬着三轮跟宝马赛跑。

生活就是这样的，有了热情才会有希望，生命中充满热情，生活便每天都充满阳光。

发挥热情，能带给你真正的自信。因为你专注于自己的兴趣而非外表时，你就有了自信。你不再以自我为中心，你不再担心自己的工作表现，只是充分地展现自己的热情。相信你一定看过小提琴家在演奏时满头乱发飞扬的场面，他只顾演奏，丝毫不关心外表如何。恰恰是这份热情为他塑造了一个全新的形象，让他气质非凡，让他魅力无穷，让观众为之倾倒。

《都市文化报》上刊载了一篇《谁是弯弯》的文章。

在中国台湾的年轻人当中，有这样一种说法："不知道弯弯，就别说你上过博客。"

竟然有这样大的名气，弯弯是何许人？

答案是，她是一个标准的"80后"女生，爱笑、爱唱歌，更重要的是，她会画很好玩的博客漫画。

弯弯很喜欢说自己的这样一次经历：她还在网络游戏公司工作的时候，一次从同事格子间路过，发现他的MSN头像就是自己画的表情符号"懒"，那个得意啊！她故意放慢了脚步，迈出经典漫画动作"悄悄路过"的步子……

不过，弯弯小时候的得意事并不多。事实上，她只是个平凡的小女生——从有记忆就开始学习画画：幼儿园逃课看漫画；小学自制绘本，在数学笔记本上涂鸦成连环漫画，一本卖3元，结果一本都没卖出去，被她爸爸当垃圾丢了……

高中时，她考上了复兴美工，过着暗无天日的绘画生活，画正统漫画，还和很多怀有梦想的女孩子一样，画了不少要投稿的漫画，却从没寄出去过。

然后弯弯就是投身网络游戏公司，边学计算机边画自己喜欢的图……

弯弯一直坚持认为，绘图要来源于生活。有事没事，她经常研究如何抓住表情的精髓。比如有一次坐公交车，司机刹车比较突然，一个女孩子从公车后排直接滚到了司机身边，于是，弯弯忽然有了一个很新鲜的灵感。用漫画记录平常的琐事，通过漫画实现生活中的梦想，是弯弯想做的事情。

2007年7月26日，弯弯的博客访问量破亿，还创下了日浏览量23万的惊人纪录。

弯弯的超人气使她可以接到通告，例如作为《康熙来了》的嘉宾，接受蔡康永和小S的访问。同时，她还引起了风投公司的注意，将有机会产生"上亿元"身价。

和弯弯一样，每一个普通人都可以用梦想绘制生活，热爱生活，生活会还给我们更多。

快乐生活的一个基本要点就是拿出你的热情来，不需要依靠别人施舍给你阳光，你就可以成为自己的太阳。热情洋溢的女孩言行举止间会显露出一种吸引人的气质，会得到别人的喜欢，就像有人说的那样："你对我热情，我就喜欢你。"

热情是一种青春的活力，就是待人诚恳，以情感人，同时又不失稳重，做到落落大方、谈吐自然、举止适度。年轻热情的女孩，谈笑风生，以自己的言语感染别人，使周围的人感到愉悦，受到激励。当别人遇到困难时，能热情相助，使人感到可亲、可敬。

当一个女孩充满热情时，她散发的是一种青春朝气、生机勃勃的气质魅力。

一个失去热情，对一切人和事物都采取漠视和冷淡态度的女人，看不到生活的希望和人生的真谛，看不到希望和曙光，不能寻觅到挚友和知音，也激发不起生活的热情和兴趣，终日伴随她的只是内心深处的孤寂、凄凉和空虚。这无疑是一种可悲的自我摧残和自我埋葬。

所以，我们不要做老气横秋、毫无激情的女人，一定要让热情灿烂我们的一生。

第五章
给自己的情绪安装闸门

别有事没事就玩点"小伤感"

生活不是林黛玉，不会因为忧伤而风情万种。

在恋爱时，眼泪是女人最致命的武器，可以让男人失去阵脚，妥协投降。但是这并不代表女人有事没事就可以玩点小伤感。

然而，如今还是有很多女人把黛玉式的病态、愁态、苦态理解为女人味。这种女人心中的世界很小，别人的一言一行一不小心就会触动她们敏感的神经，引发内心多愁善感的思绪，整个世界便没有欢乐可寻。这种女人总是不断地怀疑自己，否定自己，放大心中的焦虑与不安，尽管佛陀普度众生，但是也无法把她引出苦海。这种女人只看到愁苦，看不到喜悦，只注意灾难的隐患，而忽略了潜在的机遇和快乐的力量。

要知道，整天郁郁寡欢，女人就很容易变老。焦虑和紧张、忧愁都是慢性毒药，会一点点地侵蚀女人的容颜。

再说，生活中真有那么多值得感伤的事情吗？

林曦是一所名牌大学中文系的高材生，毕业之后在一家出版社做编辑，工作很顺利。但是她骨子里是一个多愁善感的文学青年，在大学期间就常发表一些心情文章，有的时候一次下雨都可以引起她大发春秋之悲。工作中，她还继续这一作风，整天为一些小事唉声叹气。愁眉苦脸的她周围总是围绕着一层阴云，让同事对她敬而远之。虽然她能力很强，但在单位被孤立的滋味并不好受，于是更加多愁善感了。最后，她自己无法承受被别人孤立的痛苦，辞职了。

生活中，或许会有很多磕磕碰碰，有一些小烦恼，但我们没有必要放大这些小问题，以此来显示自己的柔弱之美。像林曦这样多愁善感，让悲观的情绪影响大家，只会被别人厌弃，自己也活得不自在。

在竞争激烈的社会里，所有的人都在紧张地忙碌着，许多人并不知道自己为什么而忙。或许，我们担心在竞争的压力下会失去内心的安全感，于是，悲观的感叹油然而生。大方一些，只要我们学会微笑，一切都会烟消云散。没有什么东西能比一个阳光灿烂的微笑更能打动人的了。

不要总是让忧愁爬上你的脸，那样只会过早地增添你的皱纹，也让你的心渐渐疲倦。多一些简单的快乐，多一些微笑，于人于己都是好事。翘一翘你的嘴角，一个很自然的弧度，就能满满地承载你的小幸福。

怨恨让女人远离幸福

怨恨，就像一剂慢性毒药，慢慢地侵蚀我们的生活，甚至会慢慢改变一个女人的面容。善良宽容的女人经过岁月的沉淀，越来越温和、宁静，而总是心怀怨气的女人则越来越冷漠，越来越远离幸福。

有些人早晨睁开眼睛就开始发泄怨气了，谁也没招惹她，她就怨老天爷：天这么闷，怎么不下雨呢？夏天就应该有夏天的样子，不下雨算什么夏天？下了雨，她又说，下雨做什么呢？做什么事情都不方便，这鬼天气，还真是不想让人好过……不管是晴天还是雨天，这天气总是她的一块心病。其实不止天气，工作和生活中的不如意事那么多，让她心怀怨气的事情总是没完没了的。

可是，怨恨又有什么用呢？生活还是老样子，不会因为我们的怨恨而改变。只是有一些人养成了凡事都看不顺眼的习惯，不管看什么，都要说上几句，以发泄自己的情绪。他们利用抱怨，麻痹自己的心灵，甚至将自己的某些挫折、失误也归咎于外界的因素，寻求别人的同情。可是，生活对待每个人都是有苦也有甜的，同样的事情发生在别人的身上，就什么事情都没有，放在你的身上，就问题一大堆，这是为什么呢？

一位老人，每天都要坐在路边的椅子上，向开车经过镇上的人打招呼。有一天，他的孙女在他身旁，陪他聊天。这时有一位游客模样的陌生人在路边四处打听，看样子想找个地方住下来。

陌生人从老人身边走过，问道："请问大爷，住在这座城镇还不错吧？"

老人慢慢转过来回答："你原来住的城镇怎么样？"

陌生人说："在我原来住的地方，人人都很喜欢批评别人。邻居之间常说闲话，总之，那地方让人很不舒服。我真高兴能够离开，那不是个令人愉快的地方。"摇椅上的老人对陌生人说："那我得告诉你，其实这里也差不多。"

过了一会儿，一辆载着一家人的大车在老人旁边的加油站停下来加油。车子慢慢开进加油站，停在老先生和他孙女坐的地方。

这时，父亲从车上走下来，对老人说道："住在这市镇不错吧？"老人没有回答，又问道："你原来住的地方怎样？"父亲看着老人说："我原来住的城镇每个人都很亲切，人人都愿帮助邻居。无论去哪里，总会有人跟你打招呼，说谢谢。我真舍不得离开。"老人看着这位父亲，脸上露出和蔼的微笑："其实这里也差不多。"

车子开动了。那位父亲向老人说了声谢谢，驱车离开。等到那家人走远，孙女抬头问老人："爷爷，为什么你告诉第一个人这里很可怕，却告诉第二个人这里很好呢？"老人慈祥地看着孙女说："不管你搬到哪里，你都会带着自己的态度：你如果一直怨恨周围的人和环境，那么你的心中就充满了挑剔和不满，可是感恩的人，却能够看到人们的可爱和善良。我正是根据两个不同人的心理给出的答案啊！"

心态不同,看到的世界就会不同。如果一个女人的心中只有怨气,那么她的人生则是灰色的,她的目光只会为了生活中的不如意而停留,她的生活总会被烦恼占满,她的心里也会总是被沮丧和自卑充斥着。

不可否认,人生的确少不了磨难,生活的五味瓶里,除了甜,没有什么再是人们的向往,可偏偏酸咸苦辣是生活中不可或缺的,它们才真正丰富了我们的人生。人生需要苦难的洗礼,正是因为那些折磨过我们的人,我们才能在挫折中找到自己的不足,才能逐渐完善自己。

眼前的困难,不会成为你一辈子的障碍。所以,即使现在面临困境,也不要因为悲观而落泪,坚持一下,总会遇到自己的晴天。生命,是苦难与幸福的轮回。只要我们在逆境中也能坚持自己,再苦也能笑一笑,再委屈的事情,也能用博大的胸怀容纳,那么,人生就没有我们过不去的坎儿。

当我们走出生活的阴霾,用乐观的心重新打量这个世界的时候,我们就会发现,原来不是生活不美好,而是我们一直在怨恨中扭曲了自己。

不嫉妒他人的女人是天使

某大学曾经发生过一个悲惨的故事:一名生物系即将毕业的女研究生,用水果刀将自己的导师刺伤,随即举刀自尽。这位女生自小就有自卑心理,虽然在升学的道路上,她成绩优异、一帆风顺,但她孤僻而爱嫉妒的性格始终没有改变。在就读研究生时，她的刻苦精神深得导师器重，但导师更喜欢另一位女生灵活而幽默的性格。于是她妒火中烧，数次在导师面前中伤那位同学。导师明察之后，发现多数事情纯属子虚乌有，便委婉地批评了她。由此，该女生怒不可遏，干出蠢事。

女人的嫉妒是可怕的。为了自己心理上的平衡感，她们可能会作出一些违反常规的事情。可是，为什么女人的嫉妒心理会这么强烈呢？

单纯地来看女性的嫉妒，我们就会发现，很多时候她们都是一种身不由己的心态驱使的。与男人相比，女人要考虑的问题可能会多一些。她们常常要求自己完美，不允许自己有一点不足。所以，一个女人常常是将"精装版"的自己展现在别人的面前，为了维护自己的形象，她已经花费了全部的心思，浪费了几乎所有的精力。这个时候，她们的内心是渴望得到别人的肯定和赞扬的，就好像她们每个人都在努力学习一样，尽管成绩不是很好，但是希望别人对自己的努力给予肯定。这样的心态，让女人对别人的评价太过重视，是产生嫉妒心理的前提之一。

另外，人们都希望自己才是唯一的主角，其他人都成为自己的陪衬。可是，如果这样的期待没有实现，自己还成为了别人的配角，这时候，女人的内心就如同经历了一次重大的打击，嫉妒之感由此而生。

嫉妒，可以说是女人的天性。生活中的她们，不可能时时刻刻都做到完美，面对比自己强的人，由于长久的羡慕或者各种感情的混杂会演化成一种嫉妒。可是，身为一个女人，应该怎样克制自己的嫉妒？

首先，对待自己的嫉妒，要摆正心态，"不以物喜，不以己悲"，要常常告诫自己：即使是嫉妒，也得不到对方的优势，没必要因为别人的好而让自己变得更加不好。

其次，洒脱面对同性的嫉妒，不要因为别人的种种心态就想改变自己。为了别人的嫉妒而改变自己是没有任何意义的。只要掌握了方法，就能控制自己烦忧的情绪，并且弱化别人的嫉妒。

不嫉妒他人的女人是天使，宽容是另一种智慧。聪明的女人会把别人的优秀化作鞭策自己的力量，努力向更优秀的人学习，把她们作为自己前进的动力，这才是积极向上的正确做法。若因嫉妒产生偏激心理，存有自卑心态，终日妒火中烧，最终只能是引火自焚。女人不要再为别人的幸福而徒增烦恼、心存嫉妒了。好好经营自己的幸福，让嫉妒这个由虚荣滋长出来的毒苗消失在自己的乐观和豁达中。驱散心中的嫉妒魔鬼，才能让宽容天使在心中常驻，少一分嫉妒，多一分宽容，就在无形中积聚了自信的资本和力量。

平静、理智、克制

在我们身边，经常会看到一些这样的女士：她们脾气暴躁，为了一点点小事就会大发一顿脾气；倘若稍不如意，她们也会愤怒不已、火冒三丈。虽然女人不一定都像男人那样在发怒的时候大打出手，但还是很容易丧失理智，从而出言不逊，导致人际关系受到影响。当然，我知道，很多人在冲动地发怒之后都会觉得追悔莫及。

我理解女士们的心情，当你们遇到不公正的待遇或是受到什么委屈的时候，选择发脾气这种方法来宣泄的确是个不错的主意。然而，女士们有没有想过，这种方法能给你们带来什么？能够让问题得到解决？还是让对方一起和你分享快乐？我想两者都不是。你的这种做法只会换来别人的反感、厌恶甚至反抗。威尔逊总统曾经说："如果你是握紧一双拳头来见我的话，那么我绝对会为你准备一双握得更紧的拳头。可是，如果你是对我说：'我们还是坐下来好好谈谈，看看分歧究竟在哪？'那么我将会非常高兴地同意你的意见，而且我们也会发现彼此之间的距离并不很大，而且观点上也没那么大差异。其实，我们之间还是有很多地方存在共同语言的。"

发脾气属于人的天性中的一种反应行为，但真正喜欢发脾气的是那些小孩子，因为他们的心智还不够成熟，克制力也不够强。也就是说，他们的人性的弱点表现更加突出一些。可是，作为成年人，女士们应该拥有成熟的心理，也就是说能够做到平静、理智、克制。

曾经有一位女士对我说，她不认为我所谓的"平静、理智、克制"很重要，因为在当今的美国，那是"懦弱"的代名词。如果她不能以愤怒来反抗一些事情的话，就不能给自己争取到一些合理的权力。事实果真如此？我不这么认为，因为我的朋友蒂斯娜女士就没有和她那个"吝啬"的房东发脾气，但却达到了她的目的。

蒂斯娜女士住在纽约的一家公寓里。前段时间，她的经济状况出现了一点问题，而这时房东却突然提出要抬高她的房租。老实说，蒂斯娜女士当时真的非常气愤，因为房东的行为的确有点"趁火打劫"的味道。不过，最后还是理智战胜了发热的头脑，蒂斯娜女士决定采用另一种方法来解决这个问题。她给房东写了一封信，内容是这样的：

亲爱的房东先生：

我知道，现在房地产的行情的确很紧张。因此，我能够理解您增长房租的做法。我们的合约马上就要到期了，那时我不得不选择立刻搬出去，因为涨钱后的房租对我来说有些难以接受。说真的，我不愿意搬，因为现在真的很难遇到像您这么好的房东。如果您能维持原来的租金的话，那么我很乐意继续住下去。这看起来似乎不可能，因为在此之前很多房客已经试过了，结果都以失败而告终。虽然他们对我说，房东是个很难缠的人，但我还是愿意把我在人际关系课程中所学到的知识运用一下，看看效果如何。

效果如何呢？那位房东在接到蒂斯娜的信以后，马上找到了她。蒂斯娜很热情地接待了房东，并且一直没有谈论房租是否过高的问题。蒂斯娜很高明，只是不断地在和房东强调，她是多么喜欢他的房子。同时，蒂斯娜还不停地称赞他，说他是一个善长管理的房东，而且表示愿意继续住在这里。当然，蒂斯娜也没有忘记告诉房东，自己实在负担不起高额的房租。

很显然，那个房东从来没有从"房客"那里受到过如此之高的评价。他显得很激动，并开始抱怨那些房客无礼。因为在此之前，他曾经接到过14封信，每一封都是充满了恐吓、威胁、侮辱的词语。最后，在蒂斯娜女士提出要求之前，房东就主动提出要少收一点租金。蒂斯娜又提出希望能再少一点，结果房东马上就同意了。

后来，蒂斯娜在和我谈论起这件事的时候说："我真的很庆幸当时没有随便地乱发脾气。虽然那还不至于让我露宿街头，但确实会给我带来很多不必要的麻烦。"是的，女士们，这就是平静、理智、克制的好处。它能让你找到解决问题的最佳途径。

女士们，假如你的财产被别人破坏、你的人格受到别人的侮辱，那么你们会怎么办呢？我想，女士们一定会说："那还能怎么办？当然是作好一切准备，和那些可恶的家伙大干一场。"如果小洛克菲勒在1915年的时候也和你们一样的话，相信美国的工业史就要改写了。

那一年，小洛克菲勒还不过是科罗拉多州的一个很不起眼的人物。当时，那个州爆发了美国工业史上最激烈的罢工，而且时间持续了两年之久。那些工人显然已经愤怒到了极点，要求小洛克菲勒所在的钢铁公司增加他们的薪水。同时，失去理智的工人开始破坏公司的财产，并将所有带有侮辱性的词语送给了小洛克菲勒。虽然政府已经派出军队镇压，而且还发生了流血事件，但罢工依然没有停止。

如果真的按照上面那些女士的想法去做，相信她们一定会要求政府严惩那些"暴徒"。可是，小洛克菲勒却没有。相反，他会见了那些罢工的工人，并且最后还赢得了很多人的支持。这一切都要归功于他的那次感人肺腑的演讲。

在演讲中，小洛克菲勒非常平静，没有显出一点愤怒。他先是把自己放在工人朋友的位置上，接着又对工人的做法表示理解和同情。最后，小洛克菲勒表示，他愿意帮助工人们解决问题，而且他永远站在工人一方。

当然，他的演讲远没有这么简单，不过的确是一种化敌为友的好办法。相信，如果小洛克菲勒与工人们不停地争论，并且互相谩骂，或者是想出各种理由来证明公司没有错的话，结果一定会招来更加愤怒的暴行。

我的偶像，美国历史上最伟大的总统之一——亚伯拉罕·林肯曾经说："当一个人的内心充满怨恨的时候，就会对你产生十分恶劣的印象，那么即使你把所有基督教的理论都用上，也不可能说服他们。看看那些喜欢责骂人的父母、骄横暴虐的上司、挑剔唠叨的妻子，哪一个不是这样？我们应该清楚地认识到：最难改变的就是人的思想。但是，如果你能够克制住自己的愤怒，以冷静、温和、友善的态度去引导他们，那么成功的可能性将大很多。"

对林肯的观点我表示同意，而且我还给他找到了一条理论依据。有一个非常古老的格言："一滴蜂蜜要比一滴胆汁更容易招来远处的苍蝇。"对于人来说也是一样。我们想要解决问题，无非就是想要对方同意我们的观点。然而，你想获得别人的同意，首先就要做对方的朋友。你要让他们相信，你是最真诚的。那就像一滴蜂蜜灌入了他们的心田，而并不是一滴腥臭的胆汁。

当还是一个小男孩的时候，我曾经从隔壁的泰勒叔叔那里借阅过《伊索寓言》，其中一则寓言给我的印象非常深刻，那是有关太阳和风的故事。

一天，太阳和风在一起讨论究竟谁更有威力。风显然很自信，高傲地说："我当然是最厉害的，因为所有人都害怕我的怒火。看到没有，我一定会用我的愤怒吹掉那个老人的外套。"于是，太阳躲到了云后面，而风则开始愤怒地吹起来。可是，虽然风已经很卖力气了，但老人却把大衣越裹越紧。最后，风终于放弃了，因为它觉得那是个坚强的老头，自己无法征服。这时，太阳从云后出来了，笑呵呵地看着老人。不久，老人就开始擦汗，脱掉了自己的外套。结果很显然，与冲动、偏激、不理智的愤怒比起来，温和友善的态度更有效。

能够做到平静、理智、克制不仅可以帮助你们妥善地解决所遇到的各种问题，而且对女士们的身心健康也是非常重要的。女士们回想一下，当你们想要爆发的时候，是不是有这样的感觉？你们会不会觉得心跳在加快、血压在上升，呼吸也变得急促起来。没错，这是由于交感神经过于兴奋引起的。洛杉矶家庭保健研究协会主席阿马尔·杜兰特曾经说："那些爱发脾气的人很容易患上高血压、冠心病等疾病。同时，情绪上太波动还会使人感觉食欲不振、消化不良，从而导致消化系统疾病。而对于那些已经患有这些疾病的人，发脾气也会使他们的病情更加恶化，严重的还会导致死亡。"

我不知道女士们是怎么想的，反正我看到这里的时候真的开始为自己担忧，因为我以前也曾经为了一点小事发脾气。不过幸运的是，我现在已经不会了，因为我现在已经有了一套很好的解决办法。

也许这些方法并不一定适合所有的女士，但却是给女士们提供了一些建议。你们不妨把它当作蓝本，然后再结合自己的情况做出调整。我相信，做到平静、理智、克制并不是一件不可能的事。

练就坚忍的意志品质

在我家的附近有一家汽车租赁店，店主是一位名叫埃德华·道斯的人。我们相处得非常不错，因此经常在一起聊天。有一次，我们谈论起一个话题，双方都认为凡是那些能够取得成功的人都有一个共同的特点，那就是拥有着非凡的、坚忍的、超乎常人的意志品质。其间，埃德华突然问我："你是否知道那位被称为'海中礁石'的纳尼德·巴德奇？"我点了点头，并问他是不是一位精通航海术的人。埃德华点头说："没错，就是他！在10岁以前，他就已经开始采用自学的方式学习有关拉丁文的知识了，所以他才能在那时研读牛顿所写的《数学原理》。在21岁那年，他已经是一位非常优秀的数学家了。后来，他又迷上了航海，于是转学航海术。听说，他还写过一本关于航海术方面的专业书，还被业内人士称为经典。难以想象，这样一个没有接受过正规教育的人居然能做出这样的成绩来。"

没错,纳尼德·巴德奇的确非常伟大,因为他是在克服了重重困难的条件下取得成功的。我想,从来没有人对他说:"你这个人无药可救,想成为科学家简直就是在做梦,因为你没有获得过正规的大学教育。"正因为此,纳尼德·巴德奇才给自己练就出了不畏困难的坚忍的意志品质,不顾一切地向着自己的目标前进,采用自学的方式获得了自己需要的知识。对于这类人来说,没有什么意味着不可能,"困难"不过是一个词而已,因为他们有着十分坚忍的意志品质。

我想,没有任何东西比疾病更能摧残人的意志了。可事实上,很多成功人士都患有让人"胆寒"的疾病。相信女士们对罗伯·路易·施蒂文森一定不陌生,但你们是否知道,他一生都被疾病所折磨,但却从未让疾病影响过自己的生活和工作。凡是与他交往过的人都有这样一种感觉,施蒂文森永远都是快乐的,并且还把这种精神力量注入到他的作品中。相信,如果施蒂文森没有坚忍的意志品质的话,他是绝对不会在文坛中取得骄人的成绩的。

如果女士们还把他当成一个特例的话,那么就看看历史上的那些人物吧。拜伦爵士的脚是畸形,朱丽亚斯·凯萨是个癫痫病患者,贝多芬在中年后就变成了聋子,拿破仑是个被人小看的矮子,莫扎特一直饱受肝病的困扰,富兰克林·罗斯福是个小儿麻痹症患者,而女作家海伦·凯勒则在小的时候就是聋哑人。

女士们想象不到吧?在这些取得辉煌成就的人的背后竟然

隐藏着如此巨大的困难和痛苦。然而，他们从来没对别人说过："不行，这些条件制约了我，我不能前进了。"相信女士们一定都非常羡慕好莱坞著名的女演员莎拉·贝拉。的确，能够成为所有男人心目中的偶像是一件让人兴奋的事。可是，女士们是否知道，这位演员在小的时候被人称为"丑陋的私生女"，而且还有一段非常悲惨的童年生活。然而，她没有退缩过，而是凭借坚忍的意志品质战胜了所有的困难，终于成为好莱坞的"女神"。

女士们，只有具备坚忍的意志品质的人才具有真正成熟的心灵。他们从来不会让困难挡住自己的去路，而是勇敢地、坚强地面对困难、接受困难，同时还会想尽办法加以克服和解决。这些人从来没有求过饶，也没有绝望过，当然更不会去找任何借口来逃避现实。

著名作家罗阿·斯梅斯曾经写过一本非常具有鼓舞性的传记——《在死神面前的完整生命》，书中讲述的是有关爱慕耳·哈姆的事迹，那个出生在俄亥俄州的可怜的女婴。

当爱慕耳降生的时候，接生她的医生对她父母说："这个婴儿不会存活太长时间。"可是，爱慕耳还是坚强地活了下来，而且一直活到了 90 岁。虽然在生命中的每一天里，她都要忍受因右半身严重受伤而带来的痛苦，但她却始终没有向死神低过头。她知道自己不可能从事任何体力劳动，因此就开始把所有的精力都投入到阅读之中。后来，在 28 岁那年，她加入了卫理工会，成为了一名传道士。

女士们千万不要以为爱慕耳以后的生活就是一帆风顺了，

实际上她曾经遇到过两次足以致命的事故。然而，她从未因此而退缩，也没有放弃自己的信念。后来，她的行为引起了一位大商人的注意，并且在经济上给予了她很大的帮助。就这样，经过几个月的治疗，这位在死神宫殿游历一周的女士终于回到了人间。

后来，爱慕耳将自己所有的精力都投入到了公益事业中。她兴建教堂，创立基金，而且经常给附近的学校和医院提供帮助。在70岁的时候，她终于选择退休，但却从未停止过工作。她把自己通过各种途径，包括讲道、写书、募捐等获得的钱全部用在了教育上。临死前，这位老妇人已经是20多所专业学校和一所大学的名誉董事了。

在爱慕耳·哈姆女士的脑海里，根本没有"困难"这个词。她心中只有一个信念，那就是自己是一个有生命的个体，而且这个生命是有其自身的意义的。她活了90年，而且将所有的时间都充分地利用了。同时，爱慕耳·哈姆已经成为"勇气""坚忍"等的代名词。

也许我上面所说的那些话会让一部分女士哑口无言，但另外一部分女士则会对我说："卡耐基，我们非常同意你的意见，也很愿意按照你说的去做。不过，很可惜，一切都已经太晚了，我们错过了最好的时机。如今我已经结婚，还是几个孩子的母亲，因此我根本没有机会去也没有精力去面对现实的挑战。"

的确，我也承认，如今的社会越来越强调年轻与活力，但这并不代表其他人就不能成功。我想，抱有那些想法的女士没有一位已经70岁了吧？与那个年龄相比，你们的机会还要多得多。我在纽约讲课的时候，曾经遇到过这样一位学员。她的名字叫波尼，是一位身材矮小，而且已经70岁的女学员。她曾经直言不讳地对我说，她自己真的不知道究竟该如何度过她剩下的时间。

波尼女士曾经在一所学校当过教员，后来因为一些原因被强制退休。为了维持生计，她不得不整天忙于奔波。当然，这对她的经济和精神都是很重要的。在她"众多"的工作中，有一份是她非常喜爱的，那就是到幼儿园去给孩子们讲故事。为了达到最好的效果，波尼总是精心挑选出故事，并且还配上了幻灯片。

当时我问她为什么不考虑把这当成她的事业。也许是受了我的鼓舞，也是从我这得到了启发，总之当时她显得很高兴，并且告诉我自己已经决定开始她的晚年事业了。她对我说，年纪不是困难，也不是障碍。事实上，年纪大反而是她的优势，因为她现在凭借多年的教学经验，能够把那些故事讲得更加形象、生动。

不过，事情并不像她想象得那么乐观，前面有很多困难在等着她。首先，资金就是一个很大的问题，因为没有人愿意把钱投给一个已经70岁高龄的老妇人。然而，波尼并没有退缩，而是找到了"福特基金会"，因为她知道，这个组织一直都热衷于文化推广工作。她给基金会递上了一份详尽的计划书，而且还当众给其中的成员试讲了一个故事。试讲的效果非常好，于是基金会决定资助她。最后，这位波尼女士通过自己独特的方式，赢得了很多人的喜欢。

女士们，如果波尼也抱怨说："天啊，我已经太老了，根本没办法再工作了。"那么今天的美国就会有成千上万个儿童听不到世界上最有趣的故事。她正是凭借自己坚忍的意志品质，藐视了摆在她面前的所有困难，并且把自己的想法付诸于行动，才最终取得了成功和胜利。

当我还是个孩子的时候，我曾经认为自己身材太高是一种不正常的表现，因此感到很自卑。许多年后，我终于明白，事实上身高和其他条件一样，可以给我们带来好处，也会给我们带来坏处。而这一切，主要取决我们的态度。那些不成熟的人总是会把自己与别人不一样的地方看成是一种缺陷、困难、障碍，然后内心渴望自己得到别人的帮助。然而，那些真正心智成熟的人则不是，他们总是先看清自己与别人的不同之处，然后坦然接受它们，继而想办法进行弥补。萧伯纳非常轻视那些面对困难而选择退缩的人，他说："很多人都习惯性地抱怨自己的处境不好，进而埋怨环境导致他们不能取得成就。我从来不相信这类鬼话。如果你真的没有心中所希望的那种环境，那为什么不自己去制造一个？"

女士们，迈向成熟的第一步就让自己练就出坚忍的意志品质。因此，你们不能再犹豫了，而是应该马上行动起来。

为目标而努力，就能达成梦想

美国著名整形外科医生马克斯韦尔·莫尔兹博士说：任何

人都是目标的追求者。一旦达到一个目标，第二天就必须为第二个目标动身起程了……人生就是要我们起跑、飞奔、修正方向，如同开车奔驰在公路上，偶尔在岔道上稍事休息，便又继续不断地在大道上疾跑。

有一个小女孩名叫罗斯。有一天，老师让学生们把自己的梦想写出来。罗斯写的梦想是拥有一个属于自己的豪华农场，并且还画了一张农场的设计图。老师给她的答卷打了个不及格，并批评罗斯是在做白日梦。老师认为，建农场需要一笔很大的开销，而罗斯年龄这么小，又是个女孩，既没钱又没家庭背景，怎么可能实现这个愿望呢？

小罗斯却很认真，她把自己的梦想细细地描述出来，并且还确定了每个不同阶段的目标，之后她就朝着这个目标努力。多年后，罗斯终于有了一座属于自己的豪华农场。有意思的是，当年那位批评过她的老师还亲自带着学生来这里参观。这位老师对自己当年的做法惭愧极了。

成功的路是由目标铺成的，为目标而努力就能达成梦想。选择目标的重要性毋庸赘言，关键是如何选择最佳目标、如何为目标而努力。

选择人生的最佳目标：写出曾想过的目标，再罗列自己的优点、所希望的成功类型、心理素质、健康状况、家庭及社会情况，将自己的目标一一对照，筛选出最适合自己的目标。

即使你现在有工作，你也应该抽出时间到职业交流中心看看，进行行业咨询，收集相关信息，多和朋友联系，多了解社会资讯，以便找到并实现自己的最佳目标。

多留心一些经济信息，多关注社会，随时走在时代的前面，自然会有宽广的视野。

如果你目前的工作并非你的兴趣所在，不利于你长远的发展，只会白白消耗精力，那你不妨多"充电"，提高自己的能力，转向通向自己梦想的目标，而不能不负责任地得过且过。

有了目标，如果不懂得如何去为目标努力，那再好的目标也是枉然。为着目标而努力，不是一味埋头苦干就行的，你还需要突破一些阻碍你成功的心理和现实方面的障碍，学得更活泛一些。

多学一些让你更容易成功

为了更接近你的目标，你得有一些业余爱好。别人会的，你也要会一点。

伊莲看起来永远都活力四射。二十几岁的她已经是美国一所著名大学的博士生。全额奖学金让她的生活相当宽裕。一个能通过优异的考试成绩顺利攻读一所世界知名大学硕士、博士学位的女孩，在人们的心目中，一定是只知道学习，对周围一切都漠不关心的。伊莲却不是这样。她会在紧张的考试复习时间从教室跑回宿舍看一场足球比赛；她学理科，却会写出一篇篇优美感人的散文；她喜欢跳舞、唱歌、摄影，喜欢各种好玩的游戏……

学习忙碌的她学会了开车，还学习烹饪、绘画、按摩……

她学的东西这么多,一定很累吧?但每次见到她,她都是一副很快乐、精力很充沛的样子,让人十分佩服。

毫无疑问,伊莲是一个既会学习又会生活的人。可以说,她现在学业这么出色,应该与她什么都要尝试的积极生活态度有关。我们完全可以想象伊莲将来事业、生活等各方面的出色,因为她具有一个成功人士的素质。

所以,女孩子一定要注重自身管理,这是一种生活的策略。

试想,一个工作努力又多才多艺,能在单位节日晚会上大显身手的人,和一个工作勤勤勉勉却没有什么爱好和特长的人,哪一个更容易得到升职的机会?

不要总是抱怨别人只看重外表,你也应该学习包装自己,让外表更能引起别人的重视;不要埋怨别人喜欢性格活泼、口才好的人,你也应该学会让自己活泼一些、能说会道一些。唱卡拉OK、跳交际舞、打高尔夫、拉小提琴……别人会的,你也应该会一点,至少要有一样拿得出手。

本领多,别人会佩服你,说你有能力。而在职场中、在生活中,别人对你的肯定是你成功的最重要条件。

本领多的人到处受人欢迎,他们和什么样的人打交道都不发怵,都可以畅谈一番,至少不至于冷场。这样的人更有机会接触各阶层的人,尤其是接触那些比自己成功的人。这样的人有一种不输给任何人的自信,有一种在任何环境中都游刃有余、迅速和大家打成一片的能力。

如果一有时间就坐在家里看电视,这当然比较舒适,也比较容易——顺流而下总是比逆流而上容易。但人生不应该在电视机前度过,你应该到外面去,多接触一些人,多做一些事。哪怕你只是拉着朋友一起去挑选衣服,做个发型、美美容,也比你坐在家里好。

不要总是说一天紧张的工作之后身心疲惫,没时间学这学那,也没时间出去逛街。时间就像海绵里的水,要挤总是可以挤出来的。并且,也许你已经发现,那些要做很多事并且各方面都照顾得很好的人,他们往往看起来永远有用不完的时间。

不要总拿没时间做借口,为了不让人生处处碰壁,你必须逼着自己多学一些东西。学习的过程可以给你带来意想不到的成功感,会给你的生活带来活力。一定要让自己动起来,而不能让你的生活过早地陷入沉闷和枯燥。

机遇属于有准备的人

也许你正在为没有机遇而焦虑,不要灰心,机遇属于有准备的人。只要你向着目标孜孜不倦地作准备,并抓住一切可利用的资源寻找机会,总有一天机会会降临到你的身上。

在别人眼里具备了某些条件的人,比那些看起来什么都不会的懒人更容易获得成功的机会。精心地管理自身、包装自己,更容易得到别人的认可。要想获得成功,你必须把自己变成一个体面的人,一个看起来像样的人。然后渐渐地,你就真的有了成功者的心态。

认识忧虑,抗拒忧虑

每个人的情况都是不同的,所以每个人的忧虑也都是各不相同的。就算是同一个人,处于不同时期,也会有不同的忧虑。因此,女士们要想让自己能够应对一切忧虑,那么就必须想办法认识忧虑的本质,从而抗拒忧虑。

从古至今,忧虑一直都是困扰人类的一个难题,因此很多古代学者也都在研究,希腊哲学家亚里士多德就是其中之一。他告诉人们,当面对忧虑的时候,一定要学会分析问题的方法,因为它可以帮助你们解决各种不同的忧虑。让我们来一起看看:

女士们,这是非常有效的,如果我们不想再忍受忧虑的逼迫和折磨,不想再让自己生活在地狱之中,那么我们就必须试试下面的方法。

我们要弄清事实的真相。女士们可能会有疑问,为什么亚里士多德要强调这个方法?道理很简单,如果你连事实的真相都搞不清楚的话,那么你怎么可能会想出解决问题的明智方法?找不到事实的真相,那我们就相当于是在混乱中摸索。

不过,对这一点的认识并不是我发现的,而是哥伦比亚已故的教授哈勃特·赫基斯研究出来的。这位教授曾经帮助 20 多万学生摆脱了忧虑的困扰。他曾经说过,世界上所有的忧虑差不多都是因为人们没有足够的知识去作决定而产生的。

在我和他聊天的过程中,他跟我说:"戴尔,你知道吗?产生忧虑的主要原因就是混乱。我们打个比方,比如我有一个问题必须在下周二以前解决。那么，在到达规定时间以前，我是根本没有时间和精力去作任何决定的。在那段时间里，我所能做的只有集中全力去搜集和这个问题有关的事情。那时我不会被忧虑所困扰，因为我只是想着如何收集到更多的事情。如果在周二之前，我已经搞清了所有的事实，那么我就不会忧虑了，因为问题已经解决了。相反，如果我还没有搞清事实，那么恐怕我就该开始失眠、发愁和难过了。"

我点了点头，问赫基斯教授，这种做法是否可以让人们完全免受忧虑的侵扰。赫基斯也点了点头，说："是的，老实说，我现在真的一点也不忧虑。因为我发现，如果我们都能够以一种客观的、超然的态度去寻找事实的话，那么困扰我们的忧虑就一定会消失得无影无踪。"

的确，这是一个好办法。然而，大多数人却是怎么做的呢？人们往往不愿意多思考，只想通过各种投机的手段来达到目的。即使人们真的去思考了，但却往往像猎狗一样寻找那些已经知道的事情，而忽略了其他重要的事情。我们所寻找的东西都必须符合一个标准：与我们的想法相同，符合我们对事物的偏见。安德烈·马若斯曾经指出："凡是那些和我们个人愿望相符合的东西，我们就会把它们看成是真理。如果不符合，那么就一定会招致我们的愤怒。"

一切问题的答案找到了，怪不得我们总是很难找到问题的答案。举个例子来说，如果你在脑子里认定了1加1等于3的话，那么恐怕你连一个会做数学题的小学生都不如。道理虽然简单，但很多人实际上都一直坚信1加1就是等于3，或者是等于300。结果，把自己和别人的日子都变得不好过。

女士们，你们现在有什么想法？是不是觉得应该马上想办法解决？的确，不能再迟疑了。我们首先应该把思想中的感情因素排除出去，就如赫基斯教授所说得那样，以一种超然的、客观的态度去查清事实的真相。

当然，我也承认，在女士们已经被忧虑困扰的时候，做到这一点是相当不容易的，因为那时候我们的情绪往往很激动。不过，我在赫基斯的基础上又作了进一步研究，找到了两个帮助女士们认清事实的妙招：

（1）女士们不妨把自己假设为第三者，以别人的身份来进行事实搜集。这样一来，我们就可以让自己保持客观、超然的态度了，同时也有助于女士们克制自己的情绪。

（2）女士们可以把自己设置成对方律师的身份，然后再寻找和忧虑有关的事实。也就是说，女士们在搜集事实的时候也要搜集那些对你不利的，也就是和你希望相违背的或是你不愿意面对的事实。接着，你再把正反两方面的事实都写下来，这时你往往会发现，真相就在这一正一反之间。

上面就是我要说的弄清事实。的确，如果你不能搞清事实真相的话，那么就算你是科学家、伟人，美国最高法院也不会作出明智的决定。发明家爱迪生就十分懂得这个道理，因此人们在整理他所留下的2500个笔记本时发现，里面记满了他曾经面临的各种问题。

是不是把所有的事实都搞清楚就能认识忧虑了呢？不，女士们，这还远远不够。即使我们把世界上所有的事实都搜集过来，如果我们不对它们进行分析的话，恐怕也不会对我们有丝毫的帮助。

我曾经也受过忧虑的折磨，因此自己也总结出了一套认清忧虑的好办法。我总是先把所有的事情写下来，然后再逐一分析，这时问题就变得简单多了。我自认为这个方法不错，因为如果我们把事实都写在纸上，那么我们就能够很快地找出一个最好的解决问题的方法。就像查尔斯·凯德里说的："如果你能把问题讲清楚，那么这个问题你就已经解决了一半。"

对自己用心，回报更大

你是不是工作很努力、终日劳累但却发现自己的生活依然很窘迫？如果这时有人对你说"之所以这样是因为你对自己不够用心"，相信很多人都会很生气：我拼命工作，甚至牺牲了很多娱乐时间，难道还不够用心吗？

问题是：你真的"拼命"吗？真的"用心"了吗？

如果你有不错的学历，本来可以像你的同学那样找个既轻松又高薪的工作，但你却因为自己的口才和外语口语能力差而不敢去尝试需要付出努力的工作，只是找了一个自己干着顺手、几乎不用动什么脑筋然而薪水微薄的工作，并一直在为自己又忙又累而烦恼。这时的你，如果好好练习一下自己的口才，好好练一下外语口语，说不定你会很快从现在的处境中脱身。然而你却懒得抽出空闲时间去练习这些，有时间还想睡个觉或看看电视，你也就很难摆脱你的糟糕生活。这难道能说你对自己"用心"吗？

很多年轻漂亮的女孩总是把自己的大好光阴浪费在非常普通的职位上，因为她们从来没有想过要提高自己的智力水平，也没有利用一切可能的机遇去谋求更高的职位。她们既不懂得利用身边可利用的资源，也不想给自己充电。像这样对自己不用心的女人，很难想象她们会对其他事情比如爱情、婚姻用心。

很多人只是满足于把自己的基本任务做好，对基本任务之外的东西却不愿意多花一点精力。他们不愿意用现在的一点牺牲换取美好的未来，他们宁愿过舒服的日子，不想把空闲时间用在自我提高或改变上。尽管他们也有要过好日子的愿望，但这个愿望只是模糊的，并不清晰，他们对成功的渴望并不强烈。于是，很多人虽然一生都很辛苦，但对改变自己的生活并没有什么太大的效果。他们本来有能力过得更好，却不够用心，没有一种拼命的精神，不想通过奋斗来获得更多的东西。用奥里森·马登的话来说就是"不敢玩对他们来说完全值得的游戏"。

艾利弗·波瑞特是美国著名的学者，哈佛大学最出色的教授。16岁的时候，他跟着一个铁匠当学徒。整个白天他都得在铁匠铺里工作，晚上才开始点上蜡烛读书学习。他的口袋里始终都装着自己需要读的书，只要有一点空闲就拿出来看。即使在吃饭的时候，他面前也摆着一本书。当别的孩子到处闲逛时，他却抓住任何一个机会不断地提高自己。

当时，一位有钱人想供他上哈佛大学，但他拒绝了。他说他可以自学，虽然每天他必须在铁匠铺工作12～14个小时。谁会想到，就是在这样的情况下，他在一年内学会了7个国家的语言。

假如艾利弗·波瑞特不对自己用心，而是在空闲时间像其他孩子一样玩耍或在一天的劳累工作后呼呼大睡，他也许一辈子都要在铁匠铺中度过吧？

用心是一种习惯。虽然每个人用心的事情不一样，人的精力也是有限的，没有必要把精力浪费在每一件事上，但是一个能把自己重视的事情用心做好的人，通常在别的事情上也会如此。这样的人，最终都会过上不平凡的生活。

只有对自己的事情用心，你才能每天不管多累都精神百倍。你会知道怎样去搜集所需要的信息，做应该做的事，认识该认识的人，而不是得过且过。

如果你想做成一件事，那就全力以赴，把它做到最好，而不要随便应付。"精诚所至，金石为开。"你必须对你要做的事情有诚意，要么不做，做就做到最好。

一个犹太人是这样教育他的儿孙的："任何人来到这个世界上，其生命的潜在价值都是差不多的，关键的问题是一个人一生怎样让这价值得以开发。比如一块最初只值5元钱的生铁吧，铸成马蹄铁后可值10多元；如果制成磁针之类的东西可值3000多元；如果进一步制成手表的发条，其价值就是25万元之多了。人都应该有一颗进取之心，不断地做大自己。不要让自己的一生都是那块只值5元钱的生铁，内心深处要自始至终都抱有展现自己最大价值的梦想！"

你对自己用心，就会不断想着如何改变自己的处境，让自己生活得更好，就会在司空见惯的生活中发现"金子"。很多创业成功者往往都是靠着一个点子、一个主意而发家致富的。他们都是些普通人，因为对自己的事情用心，所以头脑中才会时时想出与众不同的点子。

丽莎在网上开了一个小店，卖玩具、包之类的东西。但和自己联系买货的人寥寥无几。她很失望，觉得自己不是做生意的料，考虑要不要把小店注销。

后来，朋友看了看她的网页，发现了问题的症结所在。首先，商品的种类很少，数量也不多，看起来很冷清的样子；其次，显示商品的图片效果不好，有的尺寸不合适，很模糊，让人看不出商品的动人之处。

当朋友劝她要多花一些工夫用用心时，她说：我从早忙到晚，都快累死了，你还说我不够用心！朋友耐心向她解释：用心和花多少时间没关系，而在于你的心思是不是花在关键的地方。你开店不就是为了效益好吗？现在商品不吸引人，东西卖得不好，你就得多想办法让自己的小店赢得顾客的光顾。

丽莎听了朋友的话，开始着手改变小店的形象。她开始针对潜在顾客群增加玩具、包的种类，注意样式的流行性、新颖、别致，还在商品包装上颇下了一番功夫，让人一看就有想买的欲望。

一周后，丽莎激动地打电话给朋友，说小店现在人气很旺，这一周就卖出去不少呢！

之前，丽莎认为自己每天守着店，每天坐立不安为店里的生意着急就是用心。现在她明白了，只有认真想出一些办法让自己的东西卖得更好,才是真正的用心。

在人生中,我们也需要不断有新的想法。如果你想和你中意的人结婚,那么就朝这个方向努力吧!你需要在不同的阶段用不同的办法,直到完全俘虏他的心,让他心甘情愿地娶你。

对自己用心,就是在做一件重要的事情时,经常问问自己:我还能做什么?怎样才能把问题圆满解决?

没有不用心就可以办成的事情。如果你想过好日子却又不愿意完全付出,好日子永远不会自动来找你。如果你发现自己做事经常失败,那你就该反思一下自己是不是够用心。只有对自己用心,你才能有更大的回报。

第六章
修炼气场，增强自信

打造自己的外形

"看起来像个成功者"能够让你感受成功者的自信；激励自己走向成功，像成功者那样行事。因而，当成功的机会到来时，你就是成功者！

成功外形是一个人无形的资产，"看起来像个成功者和领导者"，那么幸运的大门会为你敞开，让你脱颖而出。对外进行商务交往时，由于你"像个成功的人"，人们可能愿意相信你的公司也是成功的，因而愿意与你的公司进行交易。

为了取得成功，你必须在脑中"看"到你正在取得成功的形象。在脑中显现你充满自信地投身一项困难的挑战的形象。这种积极的自我形象反复在心中呈现，就会成为潜意识的一个组成部分，从而引导我们走向成功。

努力在外表上塑造"像个成功人士"的例子数不胜数，因为他们深刻理解"看起来像个成功者"的形象对事业有多大的促进作用。

在20世纪70年代末上大学时，一位企业老总就有着强烈的"领导意识"。他认为伟人具有散发着魅力的外形和举止，他开始模仿我国某位伟人的举止和仪态，通过练习腹腔发声，他把自己原本并没有权威感的脆弱音质改为具有磁性魅力的浑厚的男低音。在1995年他又有了国际领导人的新意识，他请了形象设计师，为自己设计具有国际标准的世界巨商的形象。他完全接受国际化的商业形象理念，无论是西装还是休闲服，他只穿能够衬托一个领导宏伟气派的高质量、有品位的服装，他还不放过每一个细节。如今，无论在外观、口音、思想意识上，他都更像一位来自华尔街的金融家。

人们都希望成功能够早一点到来，而树立良好的形象就是其中的方法之一。在成功之前我们就要树立一个成功者的形象，因为成功的形象会吸引成功。

增强吸引力，一出场就有气场

我们与人相处，有些人虽然话不多，但我们却喜欢和他待在一起，因为他能让你感到轻松愉快；有的人逢人便滔滔不绝，夸夸其谈，不但不让我们喜欢，反而令我们十分讨厌，总想与之拉开一段距离。出现这些不同情况的原因是什么呢？

主要就是人的吸引力和气场的问题。

有时我们确实感觉得到，有一种人无论出现在哪儿，都能立即成为众人瞩目的焦点，即使他们不言语，就那么站着或坐着，也带给人一种特别的感觉和深刻的印象，甚至还能令人毫无保留地对他产生信任感。

气场与外貌漂亮与否并没有什么关系，关键是看你能否通过你的面部表情、形体动作、语言等展示你迷人的个性气质。真正能打动人的是气质，而不是外貌。

每一个人都具有一种理想的自我形象，这就是心理学上所说的"理想的自己"。"理想的自己"往往被赋予很高的价值。尽管这些人来自于不同地方，成长在不同环境，各自具有不同的自我形象，但他们的"理想的自己"也许具有一些共同点，如丰富的情感、敏捷的思维、幽默的语言，等等，而且都希望给对方留下亲切善良、聪慧正直、才学渊博的印象。所有这些，都要求自然而不做作，随和而又机敏，由此所透露出来的权威感，会产生一种无形的气场，一点一滴地注入对方的心田，在他们的心里产生连锁反应，使对方在不知不觉中被吸引、被征服。因此，思想、行动与感情构成了气场的三大基石，所以若要从具体的方面来改变你的气场，增强个人的吸引力，你应该在思想、行动与感情方面进行努力。

你的外在表现，也就是你气场的特征，主要不是由当时当地的环境决定的，而是由你的内在创造的。你能否改变自己也主要不是由于别人是否对你进行了批评，而是你自己本身是否想改变自己。所以是你的思想创造了你本身，使你成为今天这个样子的。可能你没有意识到，但你仔细想想，是不是你怎么想就决定了你的性格？你为什么不被人喜欢呢？大概是你的想法不受欢迎。你为什么气场四射呢？首先是你的想法，其次才是你其他条件的配合，使你引起了人们的普遍关注。有的人之所以无法成功，是因为他的想法使他难以成功。

别人通过你的行动——你的说话方式、你的做事方式、你的脸部表情——才能给你一个评判，才能使他们心中形成一个印象。行动是造就气场的关键，还因为只有通过行动你才能改善自身。通过很多小的行动、通过人格的训练、通过对自我行为的反思与调整，你就可以创造新的自我，使你自己变得更富有魅力。

人们通过你的外在表现、你的行动与思想，对你产生了喜欢以至某种带有神秘色彩的感情，如果你的感情特征是积极的、友善的、温和的、宽容的，那么别人就会很喜欢你、赞赏你，因此你往往气场大增；反之你就会成为一个没有气场的人。

所以，如果你拥有令人愉悦的个性，你往往会使自己的气场大增。并非所有的性格都是令人愉悦的，有很多性格令大部分人感到没有气场。比如人们一般不喜欢消极的、极端化的性格特征，人们对报复性的、敌意的性格特征更是感到厌恶，一般人们都喜欢富有热情的、积极向上的、友善的、亲切温和的、宽容大度的、富有感染力的性格。所以，如果你能够培养起为大部分人所喜欢的正面性格，你的气场就大大增加了。

创造出色的个人品牌，你会因此而更加成功

品牌体现价值观也体现影响力。人人都有价值观，人们正是因为按照自己的价值观才取得成功。只有保持真实的自我，只有恪守自己基本的价值观，才能创造出自己的品牌。

无论对于企业还是个人，成功品牌都是其创造者内在核心的准确、真实的反映。为了以现实赢得信誉（认可、接受、赞许），创造者必须每天积极地体现出品牌的价值观，并在个人和专业"市场"中进行检验，观察他人是否接受这些价值观。归根结底，个人品牌是否出色并可行，要看关系是否已经成形，关系的深度和广度如何。

你需要将自己的价值观融入生活中，塑造品牌要从这里开始，最后也是到这里结束。正如我们强调的，这么做的目的不只是用价值观作为出色的个人品牌的基石，而且还是为了获得信誉，为了让周围的人认可你。如果你没有为自己的价值观树立起信誉，别人就无法通过你的品牌认识到你为这些价值观付出的努力。周围的人也无法通过观察你与他人的关系，看到这种内在的联系，最终也就无法认识"真正的你"。

个人品牌是一种提升影响力的途径，你要取得成功，就必须提升自己的影响力，所以，你有必要创造出自己的个人品牌，成功的个人品牌定位都有这些共性：

1 定位必须明确

定位的目的是让个人品牌在人们心中占据一个有力的竞争地位，只有明确、清晰的定位，才有利于人们铭记于心，才会

有影响力。

2 定位必须区别于竞争对手

只有区别于竞争对手的定位，才能为雇主找到雇用你的理由，才能提供给雇主判断个人品牌的依据。

3 定位必须适合雇主需求

个人品牌定位的根本目的是提高你的影响力，有利于你的就业和职业发展，因此个人品牌的定位一定要以雇主的需求为根基。若你的个人品牌定位是一个农业专家，肯定没法吸引一个汽车制造商的兴趣。

你应该给你自己经过奋斗可以成功的机会，将自己放在可以取得成功的位置上，把自己拉出注定要遭遇失败的地方（或者必须牺牲价值观才可通过的地方），坚持树立自己的个人品牌，要知道，出色的个人品牌比华而不实的表面形象深刻得多。因为品牌是关系，它们反映影响力。

所以，创造并活出一个出色的个人品牌，这是你能够做的最好的投资。世界需要有影响力的品牌，并且尊重、依靠有影响力的品牌。如果你能够成就一个有影响力的品牌，你会因此更加成功。

让自信心不足的人提升自信

有些人天生就充满自信，为人乐观开朗、形象良好、气场强大，做什么都容易成功；而有的人生性比较悲观自卑，总是畏畏缩缩、犹豫不决，不能获取别人的信任，也往往不会抓住机会取得成功。放眼望去，那些社会各界的成功人士，无一不是充满自信的。自信的形象，总能带来强大的气场，对一个人的成功有着巨大的作用，所以，人人都应该充满自信。对于那些自信心不足的人，我们给你准备了一些能够提高你的自信的简单方法：

1 自我激励

不断地发现自己的优点并加以肯定，有助于自信心的形成和培养。这样做的好处是肯定可以产生信心。

自信，并非意味着不费吹灰之力就能获得成功，而是说战略上要藐视困难，战术上要重视困难，要从大处着眼、小处动手，脚踏实地、锲而不舍地奋斗拼搏。扎扎实实地做好每一件事，战胜每一个困难，从一次次胜利和成功的喜悦中肯定自己。

2 多做少想

自信的人，做的时间多于想；自卑的人，想的时间多于做。这可是一句名言，意味着缺乏自信的人老把时间浪费在胡思乱想中，这不仅无法完成任务，反而会因为胡思乱想而打乱心中所想。

3 定期评估自己，原谅自己的不足

定期对自己的工作进行评估，确定没有偏离正确的方向。把自己的不足和错误看作是正常的，想办法去解决问题，而不必因此憎恨自己。

4 明确最想要的

如果发现了你最想要的,就把它马上明确下来,明确就是力量。它会根植在你的思想意识里,深深烙印在你的脑海中,让潜意识帮助你得到所想要的一切。这个世界上没有什么做不到的事情,只有想不到的事情,只要你能想到,下定决心去做,就一定能做得到。

5 点燃成功的欲望

你的欲望有多么强烈,就能爆发出多大的力量;当你有足够强烈的欲望去改变自己命运的时候,所有的困难、挫折、阻挠都会为你让路。欲望有多大,能克服的困难就有多大。

6 选择积极的环境

与比你优秀的人在一起,当你失败时,他会帮你检讨总结,为你加油助威;当你成功时,他会提醒你,让你重新给自己定位。找一个比你要求的还积极的环境来陶冶自己,一定要这样做,因为选择积极的环境是获取成功的关键。

自信不是专属于某些人的,只要你想拥有,只要你采取了上面这些提高自信的简单方法,你也可以成为一个自信满满的人,最终获得成功。

摆脱羞怯心理,增强你的自信

日常生活中常遇到许多羞怯的人,一说话就脸红,一出门就低头。这样害羞的人,不够大气,没有成功者的气场。他也想要改变,虽然屡下决心克服羞怯,却总是不能够大见成效,怎么办呢?这里有一个包治羞怯心理的社交处方,照此做会有很大成效。

想象自己是完美的化身。这是许多名模、影星在表演之前惯用的方法,同样适用于工作职场。先静坐,心中默想曾有的愉悦感受,譬如曾经聆听的悠扬乐曲,越具体效果越好。以拥有者的态度走入每间屋子,昂首阔步,抬头挺胸,仿佛一切都在你的掌握之中。学习你所仰慕的人所有的美好特质,只要他具备你所希望拥有的特质,都可以模仿。

大胆表现自我,把自信心视为肌肉,需要定时持之以恒地锻炼,如果稍有懈怠,它很快会松弛。改善外表,换一套新洗过的衣服,去理发店理个发型,这些办法会使你觉得自己从上到下焕然一新,因而增强自信。

如下几种训练可以更加系统地克服羞怯感:

(1)进行想象练习。想象你正处在你最感羞怯的场合,然后设想你该如何应付。这样在脑海里把你害怕的场合先练习一下,有助于临场表现。

(2)逐渐接近目标,可以减少你的焦虑。掌握害怕的根源和知道害怕时会有的生理反应,如冒冷汗或呼吸急促,当它们出现时你就可以通过一些放松的小技巧来克服它。说话时语气要坚定。没有自信的人都有说话过于急促、细声细气的毛病。说话的诀窍在于音量适中、语调平稳，速度不缓不急，此举显示你对说话的内容信心十足。利用呼吸换气时断句，内容则显得流畅有条理；切忌以疑问句结束陈述事实的语句，以免影响语气的坚定。

（3）专心倾听别人的讲话。在轮到你讲话之前，先专心听别人怎么讲。一来可以分心，不再一心挂念自己；二来当你讲话时，别人也会专心听你的。

（4）多提"问答题"、少提"是非题"。这可以使你处于主宰的地位，这一技巧应多加演练。例如你要出席一个舞会，就在事前先练习一下当前流行的舞步，可以减少到时出现尴尬。

（5）多找你不认识的人谈话。例如在排队买东西时，多与周围的人攀谈，这可以增加你的胆量和技巧，又不至于在熟人面前出丑。

（6）避免不利的字眼。例如与其对自己说"我感到很紧张"，不如说"我感到很兴奋"。

最后，确信一个事实：其实在别人的心目中，你并不像你想象的那样害羞。设法避免紧张时的动作，例如你演讲时手会发抖，就把讲演稿放在讲台上。事情做好了，不忘自己庆祝一番，这样有助于增进你的自信。平常不要拘泥，要多多参与，多参加活动，多与人接触，对克服羞怯心理很有帮助。确信自己一定会成功，摒弃一切不利的想法。要知道，人无完人，不要因为自己的弱点而自怨自艾。

自信是可以培养出来的，只要你给自己机会迈出尝试和突破的双脚，按照这些克服羞怯心理的处方，假以时日，你必定会焕发出前所未有的自信光彩！

自抬身价，把自己武装成"绩优股"

有句俗话叫："王婆卖瓜，自卖自夸。"虽然其中蕴涵了一些对自吹自擂者的讽刺意味，但这种自吹在某些情况下还是很有必要的。

社会就如同一个大丛林，有许多机会都是要靠自己去争取的。如果有能力，就应该自告奋勇地去争取那些别人无法完成的任务，千万不要让自己淹没在人群中，或者躲在被人们遗忘的角落里。成功者会让自己闪耀夺目，像磁铁一样吸引各方的注意。

有一匹千里马，身材非常瘦小，它混在众多马匹之中，默默无闻。主人不知道它有与众不同的奔跑能力，它也不屑表现，它坚信伯乐会发现它的过人之处，改变它的命运。

有一天，它真的遇到了伯乐。伯乐径直来到千里马面前，拍了拍马背，要它跑跑看。千里马激动的心情像被泼了盆冷水，它想，真正的伯乐一眼就会相中我，为什么不相信我，还要我跑给他看呢？这个人一定是冒牌的。千里马傲慢地摇了摇头。伯乐感到很奇怪，但时间有限，来不及多作考察，只得失望地离开了。

又过了许多年,千里马还是没有遇到它心中的伯乐。它已经不再年轻,体力越来越差,主人见它没什么用,就把它杀掉了。千里马在死前的一刻还在哀叹,不明白世人为什么要这么对待它。

客观而言,千里马的一生是悲惨的,可以说是"怀才不遇"。它终年混迹于平庸之辈中,普通人不能看出它的不凡之处,伯乐也错过了提拔它的机会。但是谁导致这种悲剧的呢?是它的主人,还是伯乐?都不是。怪只怪千里马自己,假如它当初能够抓住机遇,勇敢地站出来,在伯乐面前不顾一切地奔跑,表现出自己与众不同的优秀品质来,用速度与激情证明自己的实力,恐怕它早就离开那个狭窄的空间,到属于自己的广阔天地尽情施展才能了。

人们过去总说"酒香不怕巷子深",但事实并非如此。试想,要有多么浓郁的芳香才能从深巷里传入人们的鼻中呢?又有多少人能够静下心来寻找这芳香的源头呢?再香的酒,只怕最终也不过落得个"长在深巷无人识"的结局。许多人常慨叹怀才不遇,却不知道,能力是需要表现出来的,有本事就要发挥出来,不吭声、不动作,谁会知道你胸中的万千丘壑,谁会将你这匹千里马从马群中挑选出来呢?

不少人总是满怀希望地等待着,期待伯乐发现自己,提拔自己。只可惜千里马常有,而伯乐不常有,并不是所有领导、上司都独具慧眼,将机会拱手送上。在你做白日梦的时候,别的千里马,甚至是九百里马、八百里马们早已迎风驰骋,令众人瞩目,获得了充分展示自己的舞台。而默不做声的你,自然只能被淹没在无人问津的平庸者当中。

因此，即便是实力再强的人，也要学会表现自己，要善于表现自己，才能让自己的优势展现于世人面前，才能使自己成为求才若渴的人们心目中的抢手货。

以现代职场为例，默默无闻、埋头苦干的人，往往不一定能够得到重用，要想出头，不仅要拥有雄厚的实力，还要善于表现自己，这样才有机会脱颖而出。

正如卡耐基所言："你应庆幸自己是世上独一无二的，应该把自己的禀赋发挥出来。"

自信是成功者的气度，自信满满才能令人信服

一位公司经理，他把全部财产投资在一种小型制造业上。由于世界大战爆发，他无法取得他的工厂所需要的原料，因此只好宣告破产。金钱的丧失，使他大为沮丧。于是，他离开妻子儿女，成为一名流浪汉。他对于这些损失无法忘怀，而且越来越难过。到最后，他甚至想要跳湖自杀。

一个偶然的机会，他看到了一本名为《自信心》的小书。这本书给他带来勇气和希望，他决定找到这本书的作者，请作家帮助他再度站起来。

当他找到书的作者，说完他的故事后，那位作家却对他说："我已经以极大的兴趣听完了你的故事，我希望我能对你有所帮助，但事实上，我却毫无能力帮助你。"

他的脸立刻变得灰白。他低下头,过一会儿喃喃地说道:"这下子完蛋了。"

作家停了几秒钟,然后说道:"虽然我没有办法帮助你,但我可以介绍你去见一个人,他可以协助你东山再起。"刚说完这几句话,流浪汉立刻跳了起来,抓住作家的手,说道:"看在老天爷的分上,请带我去见这个人。"

于是作家把他带到一面高大的镜子面前,用手指着镜子说:"我介绍的就是这个人。在这个世界上,只有这个人能够使你东山再起。除非坐下来彻底认识这个人,否则,你只能跳到密歇根湖里。因为在你对这个人有充分的认识之前,对于你自己或这个世界来说,你都将是个没有任何价值的废物。"

他朝着镜子向前走几步,用手摸摸他长满胡须的脸孔,对着镜子里的人从头到脚打量了几分钟,然后退几步,低下头,开始哭泣起来。

几天后,那位作家在街上碰见了这个人,几乎认不出来他了。他的步伐轻快有力,头抬得高高的。他从头到脚打扮一新,看来很成功的样子。他对作家说:"那一天我离开你的办公室时,还只是一个流浪汉。我对着镜子找到了我的自信。现在我找到了一份薪水丰厚的工作,我的老板先预支了一部分钱给我的家人,我现在又走上成功之路了。"他还风趣地对作家说,"我正要前去告诉你,将来有一天,我还要再去拜访你。我将带一张支票,签好字,收款人是你,金额是空白的,由你填上数字。因为你介绍我认识了自己,幸好你要我站在那面大镜子前,把真正的我指给我看。"

以一副自信的形象出现在别人面前，你就会给别人更多的暗示。别人从这种暗示中读到了你的自信，因而就极有可能对你伸出援助之手，那么你离成功也就不远了。

有人说："这个世界是属于有自信的人的，自信的形象带给人的是无穷的价值。"

我们如果对自己没有信心，忽视自己也有许多优点，那么我们如何坦然地与别人沟通？更别谈有一个成功的形象了。我们必须相信自己是"很好的"，是"很有能力的"！假如连我们都认为自己不好，那么，别人怎么会认为我们很好？

因此，我们必须改变"自我形象"，试着稍微"隐藏自己的缺点""多表现自己的优点"，想象自己是个干练的沟通高手，正以一副镇定、微笑、从容及受过专业教育的模样，自信地与别人交换意见。

在任何情况下，我们必须学会"了解自己、肯定自己"，进而"改进自己"！事实上，肯定自己就是自信，这是生命中最重要的部分，若是少了它，生命就会"瘫痪"。

自信是获得成功至关重要的因素。你不必妄自尊大以及言行莽撞——无声的自信同样能给人留下深刻的印象。如果你自己表现得不自信，那么其他人也不会对你有信心。不管怎样，你应该明白自己在做什么，这样别人才能服从你的领导。你会看到人们总是愿意信赖身边那些信心十足的人，他们有时甚至说不清为什么如此信赖这些人。

鉴于自信的形象对一个人的职业生涯有着巨大的作用，一些国际知名企业都很重视对员工自信心的树立。他们认为：对自己足够了解、充分自信，有这样一副好形象才能更好地发挥优势，从而获得成功。

例如摩托罗拉公司就鼓励员工充分自信。在摩托罗拉，人的自信和尊严来源于：做好实质性的工作；不断向成功努力；有充分的培训并能胜任工作；在公司有明确的个人前途；创造无偏见的工作环境。主管定期与员工就这些问题进行探讨，使员工在工作中做得更好、更加自信。

其实，只要你有足够的自信，全世界的人都会认为你是最美的。正如爱默生所说："人无所谓伟大或渺小，任何一个人都会由自己来主宰并且走向成功，任何一个人都有大于自身的力量，这就是你自己。"树立自信的形象吧，它是必胜者的气度，是令人信服的力量，是引领你走向成功的旗帜。

你不服输的形象会打动命运之神

1796年的一天，德国哥廷根大学，一个很有数学天赋的19岁青年吃完晚饭，开始做导师单独布置给他的每天例行的3道数学题。

前两道题他在两个小时内就顺利完成了。第3道题写在另一张小字条上：要求只用圆规和一把没有刻度的直尺，画出一个正17边形。时间一分一秒地过去了，第3道题竟然毫无进展。这位青年绞尽脑汁，但他发现，自己学过的所有数学知识似乎对解开这道题都没有任何帮助。困难激起了他的斗志：我一定要把它做出来！他拿起圆规和直尺，一边思索一边在纸上不停地画着，尝试着用一些超常规的思路去寻求答案。

当窗口露出曙光时，青年长舒了一口气，他终于完成了这道难题。

见到导师时，青年有些内疚和自责。他对导师说："您给我布置的第3道题，我竟然做了整整一个通宵，我辜负了您对我的栽培……"

导师接过学生的作业一看，当即惊呆了。他用颤抖的声音对青年说："这是你自己做出来的吗？"

青年有些疑惑地看着导师，回答道："是我做的。但是，我花了整整一个通宵。"

导师让他坐下，取出圆规和直尺，在书桌上铺开纸。让他当着自己的面再做出一个正17边形。青年很快做出了一个正17边形。导师激动地对他说："你知不知道，你解开了一桩有2000多年历史的数学悬案！阿基米德没有解决，牛顿也没有解决，你竟然一个晚上就解出来了，你是一个真正的天才！"

原来，导师也一直想解开这道难题。那天，他是因为失误，才将写有这道题目的纸条交给了学生。

这个青年就是数学王子高斯。

阿里巴巴的马云曾说："创业者成功要具备3大素质：实力、眼光、胸怀，而一次又一次的失败，就是实力。"因此我们不要惧怕失败和挫折，挫折是一个人人格的试金石，在一个人输得只剩下生命时，潜在心灵的力量还有几何？没有勇气，没有不服输的精神，自认挫败的人的答案是零，只有无所畏惧、一往无前、坚持不懈的人，才会在失败中崛起，奏出人生的华章。

世界上有无数人，尽管失去了拥有的全部资产，然而他们并不是失败者，他们依旧有着不可屈服的意志，有着不服输的精神，凭借这种精神，他们依旧能成功。

真正的伟人面对种种成败时从不介意，所谓"不以物喜，不以己悲"。无论遇到多么大的失望，绝不失去镇静，绝不会服输，只有这样的人才能获得最后的胜利。正如温特·菲力所说："失败，是走上更高地位的开始。"

许多人之所以获得最后的胜利，只是受恩于他们的屡败屡战。事实上，只有失败才能给勇敢者以果断和决心。并且，在失败过后，他们用自己不服输的精神，顽强地拼搏和奋斗，终于为自己赢得了成功。这样的人永远给人以自信、不服输的形象，拥有强大的自信气场，也永远不会被打败。

底气十足先赢三分，开口就将对方吸引住

当我们与人打交道时，别人通常会从我们的言谈来判断我们的能力，一个人如果说话畏畏缩缩、细声细气，即使确实有才能，也很难让人相信。而那些自信满满的人，说话办事时底气十足，他们明白自己的优势和劣势，不夸耀自己，也不轻视自己，这样的人更容易赢得他人的认可和欣赏。

例如在面试的时候，没有人不希望自己能登上理想的职位，但是绝大多数人，在面对考官的时候，缺少必需的自信和说话

的底气,因此他们不能打动考官。但是有少部分人真的相信他们会成功,他们抱着"我就要坐上这个位置"的积极态度来进行求职面试,最后,他们终于凭着十足的底气赢得了主考官的青睐。

吉拉德欲步入推销界的时候,曾因多次遭拒绝而感到极端沮丧。

吉拉德重新开始建立信心,他拜访了底特律一家大的汽车经销商,要求获得一份推销工作。推销经理起初很不乐意。

"你曾经推销过车子吗?"经理问道。

"没有。"

"为什么你觉得你能胜任?"

"我推销过其他的东西——报纸、鞋油、房屋、食品,但人们真正买的是我,我推销自己,哈雷先生。"

此时的吉拉德已表现出了足够的信心。

经理笑笑说:"现在正是严冬,是销售的淡季,假如我雇用了你,我会受到其他推销员的责难,再说也没有足够的暖气房间给你用。"

"哈雷先生,假如您不雇用我,您将犯下一生最大的错误。我不抢其他推销员的店面生意,我也不要暖气房间,我只要一张桌子和一部电话,两个月内我将打败您最佳推销员的纪录,就这么定了。"

哈雷先生终于同意了吉拉德的请求,在楼上的角落里,给了他一张满是灰尘的桌子和一部电话。就这样,吉拉德开始了他的汽车推销生涯。

吉拉德在求职的谈话中体现了十足的底气,这不可否认地让主考官对他建立起了一种信任感，使他的求职面试成功了一大半。

有的面试过程中，主考官会故意采用一种压力面试，来测验你的抗压能力。所谓压力面试一般是指在面试刚刚开始时，主考官就风向一转，给应试者以意想不到的一击，以此观察应试者的反应。比如，面试官会突然提出一些不甚友好或具有攻击性的问题，这时，如果你能顶住压力，从容不迫，表现出你十足的把握，那你多半都能在面试中获胜。要是遇到问题就发软，说起话来有气无力，谁能相信你并录用你呢？

同样，我们在生活和工作中说话办事也要有底气，在别人面前拿出你的自信。只有信任自己的人，别人才会被你的好形象吸引，才能放心地与你合作。

让你看起来更强大的 6 个简单策略

生活中有很多人即使不说话也能让人感受到威严，他们的一举一动似乎都散发出强者的气势，你也许会说，有的人本来身材高大、长相威严，看起来自然很有气势，其实任何人都可以运用一些小技巧来提升气势，下面给大家提供几个简单而实用的策略。

1 站着开会

站起来完成所有的简短的决策型会议。社会学家经过研究表明，站着说话比坐着说话要简短得多，而且那些站着开会的人会被人认为比坐着开会的人地位更高。每当有人走进你的工作空间的时候，站着和对方交谈也能节约很多的时间，所以不必在自己的办公室里安放太多来访者的专用椅子。

有时候，站着能够更快、更有针对性地作出决定，对方也不会浪费你的时间来进行一些客套话，或者是问一些诸如"你的家人怎么样了"之类的问题。

2 让对手坐在背对门的位置

据研究表明，当我们坐在背对着空旷的空间的时候，我们就会变得恐惧、紧张、不安，血压会随之升高、心跳也会加快，大脑的波动频率、呼吸也会变得更加急促。因为我们无法看到后面的情景，身体已经作好抵御来自背部攻击的准备。所以，这是安置对手的最佳位置，只要对手坐在这个位置上，你就已经占了先机。

3 把你的手指并拢

那些喜欢在说话时配以手势的人，如果他们能够保持手指并拢，同时保持手的位置低于下巴，就能获得更多的注意力。反之，如果把手指张开，或者是把手放在下巴以上的位置，就会显得较无力。

4 手肘向外伸

如果你坐在椅子上，请把你的手肘向外伸展，或者是放在椅子的扶手上。只有那些消极、胆小的人才会把手肘缩起，以保护自己，这让别人认为他们胆小怕事。

5 使用一些有力的词组

加利福尼亚大学的一项研究表明，最有说服力的口头语包括："发现""保证""经过证实的""结果""节约""简单""健康""金钱""新鲜""安全"等。平时在说话时多练习使用这些词组，你就会发现这些很好用的词组能够保证你获得更多的成功机会，也能够有助于你节约更多的钱财，而且使用这些词组是百分百安全和简单的。

6 提一个小巧的公文包

重要人物都会提一个带有密码锁的小巧的公文包，因为他们所关心的仅仅是最重要的细节。而那些必须负责所有工作的人才会提着笨重的公事包，并让别人产生他们做事条理不够、无法按时完成任务的消极印象。

强大的气势是可以营造的，只要你用对方法，就能一举一动间都释放出光彩，吸引别人的注意。

第七章
一等女人用交际定胜负

孤芳自赏的"冷美人"是交际场上的失败者

有一种说法一直颇为流行,那就是"赞扬能使羸弱的躯体变得强壮,能给恐惧的内心恢复平静和信赖,能让受伤的神经得到休息和力量,能给身处逆境的人以务求成功的决心"。

美国《幸福》杂志研究的结果表明:人际关系的顺畅是成功的关键因素,而赞美别人是交际的最关键课程,因此如果你懂得如何去赞美别人,再加上你聪明的脑袋,还有脚踏实地的精神,就等于事业成功了一半。一个只会孤芳自赏的"冷美人"是不可能在交际场上获得成功的,可以说,学会赞美他人是女人获得交际成功的第一步。

有一位女领导,快50岁了,但是保养得不错,看起来比实际年龄要小一些。于是这天一个下属在跟她聊天的时候说道:"我刚见您的时候,您看起来也就30岁左右的样子。我还想着既然当了这么高职位的领导,怎么也得有35岁了吧。后来才……"女领导非常高兴,过段时间就把这位下属升了职。

在特定场合,女性本身认为自己打扮得很漂亮。这时你的夸赞就可以大胆一些,以表达自己的赞赏之情。比如在舞场上,这是找到舞伴的重要技巧。

一天,小何去参加舞会时没有带舞伴。当他看见旁边坐着一位身穿长裙的女士时,他决定请她跳舞。他走近这位女士,夸赞道:"小姐,您今晚的一袭长裙配上舞场的灯光,简直就是仙女下凡,真是太迷人了!要不是您穿在身上,我真不知道这座城市的某家商场里居然有这样漂亮的长裙在卖!我已经静静地欣赏了您好久,终于忍不住过来邀请您跳一支舞,你不会拒绝一个崇拜者吧!"这位女士笑了,答应了小何的要求。

真诚的、发自内心的赞美可以优化你的人际关系。赞美从一定意义上讲,是一种有效的感情投资,当然,有付出就会有回报。对于领导的赞美,能使领导心情愉悦,对你越发重视;对于同事的赞美,能够联络感情,增强团队精神,在合作中更加愉快;对于下属的赞美,能使你赢得下属的敬重,激发下属的工作热情和创造精神,从而更好地协助自己在事业上的发展;对自己生意伙伴的赞美则会赢得更多的合作机会,从而获取更多的利润。如果你是一个商人，学会赞美你的顾客，则会拥有更多回头的顾客。

一位精明的裁缝往往会说："太太真是好眼光，这是我们这里最新潮的款式，穿在太太身上，太太一定会更加漂亮。"几句话，这位太太肯定眉开眼笑，马上开包拿钱。

美国的商界奇才鲍罗齐就曾说过："赞美你的顾客比赞美你的商品更重要，因为让你的顾客高兴你就成功了一半。"

赞美他人，是女人在处理人际关系中的一种技巧，学会赞美他人的女人用口才去推广自己的影响力，在无形中增添自己的魅力，使别人更乐于接纳自己，所以赞美他人的女人会使自己变得越来越美丽。

赞美对于你的家人、朋友同样重要，俗话说："家和万事兴。"家庭和睦，则万事兴旺。作为父母，适当地赞美自己的孩子，可以使孩子更具有自尊心和自信心，可以沟通家长与孩子的感情。另外，朋友之间适当的赞美也是必不可少的。

赞美可以让女人获得更和谐、更亲密、更甜蜜的亲情、友情和爱情。一个懂得在适当的场合赞美他人的女人，一定是充满魅力的女人，并处处受欢迎。真诚的赞美是衡量女人影响力的一个标准，也是衡量她们交际水平的标准，有助于女人影响力的提高。如果一个女人学会了赞美别人，她就拥有了开启和谐人际关系之门的钥匙。

借助高质量朋友提升自己

有人说，要判断一个人是怎样的人，只需看他身边的朋友。所谓"近朱者赤，近墨者黑"，真正能做到出淤泥而不染的那是人中圣贤。朋友之间的价值观念、性格气质都会相互影响，聪明的女人要适当地提高自己的交友水准，要懂得借助高质量的朋友圈提升自己的素质修养。想一想，你和见识短浅、品格低下、知识匮乏的人做过朋友吗？如果你认识和来往的都是这些朋友，你会知道现在哪个行业最有发展前景吗？你会知道怎样投资才最能赚钱吗？你会知道女人应该找一个什么样的另一半才是最大的幸福吗？

相同的精神追求，才能让你们找到共同语言。只有拥有同样的人生信仰，你们才能彼此发现、彼此懂得、彼此珍惜。所以，是时候提高你的交友水准了。只有在更高一层的精神领域里，你才能遇到可以引领你生活的明灯。

有两个毕业1年的同寝室的两个女人在对话。她们中一个光艳照人、谈吐不凡，另一个却愁眉苦脸、未老先衰。第一个女人感慨道："我认识的人都好强，他们才刚刚毕业几年，就买房的买房，买车的买车。我从他们身上学到了好多东西。我感觉现在生活很充实，需要我去实现的梦想也很多。"第2个女人却苦笑着说："我认识的人都不如我，好多都是咱们以前的同学，大家过得差不多。我现在感觉生活就这样了，也没有什么追求。"

是什么导致两个曾经同寝室的姐妹人生观这样不同呢？那就是她们的朋友圈不同，朋友的质量不同。一个女人的朋友都比自己成功，她在自己朋友的身上学到很多东西，也拥有了很多积极的心态，所以她就会向着成功的方向努力。而另外一个女人，处在和自己一个水平，甚至还不如自己的朋友圈里，时间一长，她认为大家的生活状态都是这样的，所以也就不思进取了。

提高自己的交友水准，可以让你找到自身的不足，促使你学习朋友身上的优点，拓展自己的知识面。如今，不再是女子"大门不出，二门不迈"的时代。作为女人，你要走出去认识他人，与他人交往，特别要与成功人士交往。一个人只活在自己的世界里，不会有大的建树，只有与强者做朋友，时间长了，你才会有一个成功者的思维，你才会用一个成功者的思维去思考、思想决定行动，当你和优秀人士的想法相近时，你自然会朝着成功的方向迈进。

别让你的前程毁于糟糕的人际

有人才华横溢，却终生不得志；也有人能力平平，却能够节节高升。这其中，个人的机遇是一方面，另外很重要的则是个人的人际关系状况。一个人如果孤立无援，那他一生就很难幸福；一个人如果不能处理好人际关系，就犹如在雷区里穿行，举步维艰。"条条大路通罗马"，而人际关系好的人可以在每条大路上任意驰骋。古往今来，许多杰出的人士，之所以被能力不如自己的人击垮，就是因为不善与人沟通，不注意与人交流，被一些非能力因素打败。不能融入人群无异于自毁前程，把自己逼入进退两难的境地。

刘红在一家公司做一名管理人员。在公司产品遭遇退货、赔款，濒临倒闭，公司高层们急得团团转而又束手无策时，硕士毕业的刘红站了出来，提供了一份调查报告，找出了问题的症结。此举不仅一下子解决了公司的难题，还为公司赚了几百万。

因工作出色，刘红深受老总的重视，不久就成为全公司的一颗明星。凭着自己的智慧和胆略，她又为公司的产品拓展了国内市场，立下了汗马功劳，两年时间内为公司赚回几千万利润，成为公司举足轻重的人物。

刘红踌躇满志，以为销售部经理一职非她莫属。然而，她没有获得升迁。本来公司董事会要提拔她为销售部经理，却由于在提名时遭到人事部门的强烈反对而作罢，理由是各部门对她的负面反映太大，比如不懂人情世故，骄傲自大……让这样一个人进入公司的决策层显然不太适宜。

销售部经理一职被别人担任了，她只好拱手交出自己创建、培养成熟的国内市场。这就好比自己亲手种下的果树上所结的果子被别人摘走一样，她非常痛苦。

她不明白，公司怎么能这样对待自己呢？自己到底错在哪里？后来，还是一个同情她的朋友为她解开了疑惑。难怪那一次，她出去为公司办理业务，需要一批汇款，在紧要关头却迟迟不见公司的汇票，业务活动"泡汤"，令她很难堪。实际上是因为平时她从未注重和出纳打交道，每次遇到了也都匆匆地"擦肩而过"，出纳便认为她瞧不起自己，心里很不甘心。

还有一次她在外办事，需要公司派人来协助，却不料人还没有到，马上又被撤回去了，原来是一些资格较老的人觉得她很"孤傲""目中无人"，在工作上从不与他们交流……所以想尽办法拖她的后腿，让她的工作无法展开。

尽管刘红工作业绩辉煌，但她忽视了人际关系的重要性。那些她不熟悉的、不放在眼里的小人物，在关键时刻照样会坏她的大事，阻碍她在公司的发展和成功，在无可奈何的情况下，她只好伤心地离开了公司。

正如唐太宗李世民所说："水能载舟，亦能覆舟。"人在社会中生存，人际关系能推动你走向成功，也能让你顷刻间一无所有。千万不要忽视了你身边任何一个人的力量，也许关键时刻他们会是你成败之间的决定因素。做个聪明的交际女人，适当进行感情投资，树立良好的交际形象，会为你带来意想不到的收获。

机会总会留给那些印象深刻的人

和素不相识的人见面，总会让人有些局促和紧张。因为我们不了解对方，见面时，又需要配合对方的反应调整自己的行为举止，而且在这个过程中，还不能够推心置腹、吐露真言。这样的交往会让人感到疲惫和无趣。

面对陌生的人尚且如此，更何况是自己所喜欢并想追求的人呢？所以，在初次见面的时候，一定要作好准备。

文竹是个漂亮的女人，当年去北京，誓将"北漂"进行到底。那时她还是个很穷的女生，挤了一夜的火车。她到北京的时候，男友有事，无法接她，就委托好友刘川代替自己去接她。文竹很聪明，也懂得得体地打扮自己，身上的穿戴虽然不是样样名牌，但都搭配得时尚而得体。

刘川看到文竹的第一眼，便下结论：这个女人真漂亮，这种漂亮和一般女人不一样。他兴奋地认为，文竹肯定是个未来的新星。和文竹接触的时候，一种说不清道不明的情愫慢慢在刘川心里滋生着。后来，在刘川的追求下，文竹和男友分了手，和刘川相恋了。

他们经历了一场非同一般的恋爱，虽然后来两人因为性格及其他原因，经历了种种波折，最终分手，但文竹也如刘川的第一印象那样，成了一个耀眼的名人，演出了不少成功的角色，成为北漂一族中少有的成功者之一。

这是海岩的小说《深牢大狱》里的情节。初次见面给人的印象，是如此重要，甚至可能决定你一生的感情。不管与谁见面，提前作好准备，会让自己更加从容，在感情上，也会有备无患。

或许，初次见面，你的服饰、装扮，你的一颦一笑就已经让他认定了——你就是那个应该出现在他生命中的女人。那么，女人初次与男性见面，需要注意哪些细节呢？

1 礼仪

异性之间，初次见面的时候，点头加微笑的问候是比较适合的。女人不要主动去和对方握手，一是显得不矜持，二是显得过于正式；当然，当对方伸出手来时，你也不要拒绝，大大方方地接受。

2 穿着

选择适合自己形象，穿上也得体的着装。整洁是最重要的，风格上最好选择休闲装。不要过度隆重，也不要在服饰的细节上给人留下邋遢而可笑的坏印象。

3 装扮

过度化妆不一定好，比如过长的假睫毛、长而尖的红指甲、浓而重的艳丽眼影通常都只会给女人增加负面分。但是，如果你不是天生丽质那类女人，素面朝天也是一种失败的装扮。你可以选择薄薄的粉底、淡淡的口红、浅粉的指甲油等，这些可以令女人显得更加柔美。

4 言谈

不要喋喋不休，这会显得嘴太碎。交谈不是发表演说，不能搞成只顾表达自己意愿的单方面倾诉。在交谈中，适当地说话，也要懂得倾听对方的表达，这也是一种了解对方的方法；同时，也不要沉默寡言，交流从来就是两个人的事情，如果你一味地等着对方说话、听他说，会令对方无所适从，当他找不到话语来说的时候，会形成一种尴尬气氛。

5 心理

心理方面也是个比较重要的问题，可以适当注意以下几点：

首先，不要掩饰自己。有些女人喜欢把自己真实的性格隐藏起来，不想让对方看透自己，觉得对方发现自己的弱点是个糟糕的后果，可是，这样做的结果是你束缚了自己，无法畅所欲言、自由表现。把自己性格的真实一面展示给对方，真实有时也是一种特殊的吸引力，比矫揉造作给人的印象好得多。

其次，即使是好朋友之间也会有矛盾和彼此讨厌的地方，初次见面的两个人更是如此，所以，为对方准备周到的礼节是必须和应该的，但也不要奢求自己能百分之百地被人接受和喜欢。别人对你的评价是别人的事情，你只要尽量表达自己的诚意就可以了，不要过分在乎自己。

总之，越是表现一个真实的自我，越容易让人感觉到你的率真，便越容易吸引人。

不要忽视"小人物"

在积极寻找身边的"贵人"、寻求"贵人"帮助的同时，也不可忽视身边"小人物"的作用，细心的女人明白此理。一些看似无足轻重的人物，在关键时刻，也许能帮上大忙，也有可能拦住你前进的去路。常言道"三十年河东，三十年河西"，今天的小人物难保日后不会时来运转，成为举足轻重的当红人物。

清朝雍正皇帝在位时，按察使王士俊被派到河东做官，正要离开京城时，大学士张廷玉把一个很强壮的佣人推荐给他。到任后，此人办事很老练、谨慎，时间一长，王士俊很看重他，把他当作心腹使用。

王士俊任期满后准备回京城。这个佣人忽然要求告辞离去。王士俊非常奇怪，问他为什么要这样做。那人回答："我是皇上的侍卫某某。皇上叫我跟着您，您几年来做官，没有什么大差错。我先行一步回京城去禀报皇上，替您先说几句好话。"王士俊听后吓坏了，好多天一想到这件事就两腿直发抖。幸亏自己没有亏待过这人，要是对他有不善之举，可能小命就保不住了。

这个例子告诉年轻的女人们，千万不可轻视身边的那些"小人物"，跟他们搞好关系非常重要。这些人平时不显山不露水，但是到了关键时刻，说不定就会成为左右大局、决定生死的"核心人物"。

所以，平常无论是说话还是办事，一定要记住：把鲜花送给身边所有的人，包括你心目中的"小人物"。不要总是时时处处表现出高人一等的样子，要知道，再有能力的人也不可能把所有的事情都办好，再优秀的篮球运动员也不可能一个人赢得整场比赛。在经营管理中，人至关重要，有了人才能带来效益。俗话说："不走的路走三回，不用的人用三次。"说不定，有一天，你心目中的"小人物"会在某个关键时刻成为影响你的前程和命运的"大人物"。

常言道:"深山藏虎豹,田野隐麒麟。"更何况一百个朋友不算多,冤家一个就不少。所以,精于营造人际关系的女人,要随时随地广泛交往,重视身边的"小人物",多结善缘才行。

要学会与"小人物"交朋友。不要用实用主义的观点去处理与"小人物"的关系,应记住:你平时花在"小人物"身上的精力、时间都是具有长远意义的。在不远的一天,也许就在明天,你将得到加倍的报答。

"曝光"自己,提高你的身价

如今的社会不再是那个"酒香不怕巷子深"的社会,纵然我们是"皇帝的女儿",要想嫁出去,也免不了要走出深宫,主动推销自己。

在这个世界上,真正比我们聪明的人只有5%,而比我们愚蠢的人,也只有5%,我们大多数人都是普通人。既然这样,我们靠什么理由去说服买家,证明自己比别人有更高的身价、更值得他选择呢?这里给你提供几个自我推销的技巧。

1 确定交往对象

请考虑一下:你在公司里喜欢与哪些人交谈?他们对你有什么期望?你有哪些特点能够对你的"对象"产生影响?请注意观察优秀同事的行为准则,并学习他们的优点。

2 善用别人的批评

许多营销部门利用民意调查表，了解消费者对产品好坏的评价。你也应了解别人对你的评价，应该坦诚地接受批评，从中吸取教训应当注意言外之意。例如，如果你的上司说，你干活很快，那么在这背后也可能隐藏着对你的批评。

3 要善于展示自己

要尽量展示自己的优点。例如，你的语调是否庄重、令人讨厌？语调与握手和微笑一样可以说明一个人的许多特性。

4 精心包装自己

超级市场的货架上灰色和棕色的包装为什么那么少？这是因为没有人喜欢这些颜色的包装。你要不想成为滞销品，也应当检查自己的"包装"——服装、鞋子、发型。要经常改变自己的"包装"，时常给人耳目一新的感觉。

5 说话要明确

说话要言简意赅，不要用"也许"或"我想只好这样"等词句来表达。上司一般都喜欢下属能有一个明确的态度，不论对人还是对事。

6 占领"市场"，建立关系网

你在公司里的知名度怎么样？要使自己引起别人的注意，可以在夏天组织一次舞会或与同事们一道远足。要与以前的上司们保持联系，建立一张属于自己的关系网。

7 适当地表露自己的成绩

不要怕难为情,大胆地说出你自己已经取得的成就。没有必要总是谦虚,你得学会表扬你自己,尤其是在上司面前。但要注意找准时机,不显山不露水地提及。

8 不要害怕危机

如果你负责的项目遭到失败,不要惊慌失措,而应勇敢地承担责任,积极寻找解决问题的办法。在紧张状态下头脑清醒、思路敏捷的人会得到上司的器重。总之,女人要想提高自己的身价,就需要适时适地"炒作"自己、推销自己。

你的前程系在你的嘴上

在现代社会中,语言艺术对社会交际的重要性已越来越明显。美国人类行为科学研究者汤姆士指出:"说话的能力是成名的捷径。它能使人显赫,令人鹤立鸡群。能言善辩的人,往往令人尊敬,受人爱戴,得人拥护。它使一个人的才学充分拓展,事半功倍,业绩卓著。"他甚至断言:"发生在成功人物身上的奇迹,一半是由口才创造的。"美国著名的政治家、外交家富兰克林也说过:"说话和事业的进步有很大的关系。"无数事实证明,说话水平是事业成功的重要因素之一,口语表达的好坏会影响到事业的成败。

女性要想在交际中占据优势,口才是一大武器。女孩若成为一个健谈者,运用自己在交流沟通方面非同一般的技能,就能够引起别人的兴趣,吸引他们的注意力,自然地使他们聚集到自己的周围。

生活中,口才出众的女性受人欢迎,讨人喜欢,能够使许多不认识的人成为自己的朋友,也能使许多毫无交往的人促进了解,还能替人排忧解难,消除人与人之间的猜忌和疑虑。同时,能说会道的女性往往成为众人瞩目的核心人物,赢得不少人的信赖和欢迎。

才女林徽因令许多青年才俊为之神魂颠倒,梁思成、徐志摩、金岳霖……每一位都是响当当的人物。她的魅力,来自于先天美丽与后天才华的交融,来自于良好的修养和高贵的人格,来自于她对语言艺术的绝佳把握。如"大珠小珠落玉盘"一般,她用语言完美地展现了她的智慧、她的灵秀、她的柔情、她的细腻。

林徽因和梁思成结婚之后,梁思成曾问林徽因为什么没有选择徐志摩而选择了他,这是一个令人尴尬的问题。

林徽因这样回答:"我想我要用一生来回答这个问题。"

这真是一个绝妙的回答,不但让梁思成相信她说的话的真实性,还使他下定决心要表现出色,才不至于让她失望。

从这句话里面就能看出林徽因的智慧——不贬低谁,反显出自己人格的高贵;没有男人那么棱角分明,可是水一般的柔情却能够让人感动。

除了自身的美丽和智慧之外,林徽因在社交方面更是魅力无穷。林徽因在北京东城北总布胡同家中的"太太客厅"里,结交了不少当时才华杰出的人才，不仅是人文学科的学者，连许多自然科学家也对那里流连忘返。

林徽因说起话来别人插不上嘴，沈从文、梁思成以及金岳霖等都心甘情愿坐在沙发上抽着烟斗倾听。这就是女人妙语连珠所散发出来的魅力。林徽因是一个不仅知道自己的资本，也懂得如何利用自己资本的女人。

对于林徽因的谈话，萧乾多有赞美之词，认为"是有学识，有见地，犀利敏捷的批评"，还认为："倘若这位述而不作的小姐能像18世纪英国的约翰逊博士那样，身边也有一位博斯韦尔，把她那些充满机智、饶有风趣的话一一记载下来，那该是多么精彩的一部书啊。"

虽然不是每个女孩都能如林徽因拥有容貌、家世、才华，但至少可以改进自己，锤炼自己的语言艺术。让我们立志做舌灿莲花的女人吧，谈吐自如，妙语连珠，在谈笑风生中尽展女性的风采和魅力。

做只会唱歌的百灵鸟

美国小说家马克·吐温曾说过："只要一句赞美的话，我就可以充实地活上两个月。"喜欢听好话、受到赞美是人的天性。每个人都会对来自社会或他人的适当赞美，感到自尊心和荣誉感的满足。当我们听到别人对自己的赞赏，并感到愉悦和鼓舞时，不免会对说话者产生亲切感，从而使彼此之间的心理距离缩短、靠近。人与人之间的融洽关系就是从这里开始的。

　　法国总统戴高乐1960年访问美国。尼克松为他举行了一场宴会，会上，尼克松夫人精心布置了一个美观的鲜花展台：在一张马蹄形的桌子中央，鲜艳夺目的热带鲜花衬托着一个精致的喷泉。精明的戴高乐将军一眼就看出这是女主人为了欢迎他而精心设计制作的，不禁脱口称赞道："女主人为举行一次正式宴会，要花很多时间进行这么漂亮、雅致的计划和布置。"尼克松夫人听了，十分高兴。事后，她说："大多数来访的大人物要么不加注意，要么不屑为此向女主人道谢，而他总是想到和讲到别人。"在以后的岁月中，不论两国之间发生什么事，尼克松夫人始终对戴高乐将军保持着非常好的印象。

　　可见，一句简单的赞美他人的话，会带来多么好的反响。
　　聪明女孩不妨学做一只会唱歌的百灵鸟，经常说些好听的话。因为，每个人都希望获得别人的赞美，没有人喜欢遭到别人的指责和批评。赞美的好处不胜枚举，可是，生活中却常常有年轻女孩吝啬这么做，这种女孩理所当然无法得到良好的人缘。有人说"吝啬赞美是最大的吝啬"。赞美一个人你不必损失什么，只要动动口就行了，连这点小事都不愿做，甚至故意对别人的优点视而不见，这种人除了引起别人的厌恶，根本不可能获得别人的真心认可。
　　赞美是一种良好的修养和明智的选择。赞美是人际交往中最适宜的"投资"，它投入少、回报大，是一种非常符合经济原则的行为方式。对领导的赞美,让领导更加器重你;对同事的赞美,能够联络感情,使彼此合作愉快;对下属的赞美,能赢得下属的忠诚,增强他们的事业心和创造力;对商业伙伴的赞美,能赢得更多的合作机会,赚得更多的利益;对男友或丈夫的赞美,能使两人之间更加甜蜜;对朋友的赞美,能赢得崇高的友谊。

赞美的话不仅要当面说,更要背后说;而且背后说别人的好话远比当面恭维别人或说别人的好话,更让人觉得可信。因为你向一个不相干的人赞美他人,一传十,十传百,你的赞美迟早会传到被赞美者的耳朵里。这样,你既博得了他的尊重,也赢得了大家的信赖。

《红楼梦》中有这么一段描写:

> 史湘云、薛宝钗劝贾宝玉做官为宦,贾宝玉大为反感,对着史湘云和袭人赞美林黛玉说:"林姑娘从来没有说过这些混账话!要是她说这些混账话,我早和她生分了。"凑巧这时黛玉正来到窗外,无意中听见贾宝玉说自己的好话,不觉又惊又喜,又悲又叹。

在林黛玉看来,宝玉在湘云、宝钗、自己三人中只赞美自己,而且不知道自己会听到,这种好话就是极为难得。倘若宝玉当着黛玉的面说这番话,林黛玉很可能会认为宝玉是在打趣她或想讨好她。多在第三者面前赞美一个人,是你与那个人关系融洽的最有效的方法。假如有一位陌生人对你说:"某某朋友经常对我说,你是位很了不起的人。"相信你的感动之情会油然而生。那么，我们要想让对方感到愉悦，就更应该采取这种在背后说人好话、赞扬别人的策略，因为这种赞美比一个人当面对你说"我是你的崇拜者"更让人舒坦，更容易让人相信它的真实性。

恰到好处的批评是"甜"的

人无完人，在这个世界上，没有人不会犯错误。在错误面前，有的女孩可能要忍不住怒目圆睁。狂风暴雨过后，女孩可能会沮丧地发现，她的善意并没有被对方所接受，甚至，换来的结果可能与预想的结果截然相反。

有这样一个故事：

山顶住着一位智者，他胡子雪白，谁也说不清他有多大年纪。男女老少都非常尊敬他，不管谁遇到大事小情，都来找他，请求他提些忠告。

但智者总是笑眯眯地说："我能提些什么忠告呢？"

这天，又有年轻人来求他提忠告。智者仍然婉言谢绝，但年轻人苦缠不放。

智者无奈，他拿来两块窄窄的木条，两撮钉子——一撮螺钉，一撮直钉。另外，他还拿来一个榔头，一把钳子，一个改锥。他先用锤子往木条上钉直钉，但是木条很硬，他费了很大劲也钉不进去，倒是把钉子砸弯了，不得不再换一根。

一会儿工夫，好几根钉子都被他砸弯了。最后，他用钳子夹住钉子，用榔头使劲砸，钉子总算歪歪扭扭地进到木条里面去了。但他也前功尽弃了，因为那根木条裂成了两半。

智者又拿起螺钉、改锥和锤子，他把钉子往木板上轻轻一砸，然后拿起改锥拧了起来，没费多大力气，螺钉便钻进木条里了。

智者指着两块木板笑了笑："忠言不必逆耳，良药不必苦口，人们津津乐道的逆耳忠言、苦口良药，其实都是笨人的笨办法。硬碰硬有什么好处呢？说的人生气，听的人上火，最后伤了和气，好心变成了冷漠，友谊变成了仇恨。我活了这么大年纪，只有一条经验，那就是绝对不直接向任何人提忠告。当需要指出别人的错误的时候，我会像螺钉一样婉转曲折地表达自己的意见和建议。"

没有人喜欢被批评，不要相信"闻过则喜"。如果一味指责别人，我们将会发现，除了别人的厌恶和不满外，我们将一无所获。如果你能够让对方感到你是来解决问题纠正错误的，而不是仅仅来发泄不满的，那么你的形象一定会大大提升。学会恰到好处地"批评"，是聪明女孩应该掌握的技巧，这里有几点小建议：

1 批评宜在私下进行

被批评可不是什么光彩的事，没有人希望在自己受到批评的时候召开一个"新闻发布会"。所以，为了被批评者的"面子"，在批评的时候，要尽可能避免第三者在场。不要把门大开着，也不要高声叫嚷使周围的人都知道。在这种时候，你的语气越温和越容易让人接受。

2 不要很快进入正题

做错事的一方，一般都会本能地有种害怕被批评的心理。如果很快进入正题，被批评者很可能会产生不自主的抵触情绪。即使他表面上接受，也未必表明你已经达到了目的。所以，先让他放松下来，然后再开始你的"慷慨陈词"。有句话说得好：胡萝卜加大棒，这样才能达到比较好的效果。

3 对事不对人

批评时，一定要针对事情本身，不要针对人。谁都会犯错误，这并不代表他人品有问题。错的只是行为本身，而不是某个人。一定要记住：在批评时，永远不要针对某个人。

4 提出解决问题的办法

批评的同时，你必须要告诉他怎么做才是正确的，这才是正确的批评方法。不要只是"指手画脚"，一定要使他明白：你不是想追究谁的责任，只是想提醒他解决问题。而且，他有能力解决。

恰到好处的批评应该是"甜"的，它所产生的效果，应该是使被批评者心悦诚服，主动接受批评、改正错误，并且受到鼓励，让对方感受到你的亲和力。巧妙把握批评的分寸，会让你与他人之间建立起和谐的人际关系，大大提高工作效率。

第八章
性感是一种气质

女人可以不漂亮，但不能不性感

性感是一种状态，一种气质，一种表达。

女人可以不漂亮，但不能不性感。脸蛋是天生的，性感却是可以后天修炼的。当女人外貌的鲜艳随着年岁而逐渐淡去时，还能用什么来留住她心爱的人？成功的女人告诉我们她的秘诀——来自举手投足间的性感和女人味。女人更应该懂得感受和珍爱自我给予的馈赠，爱自己的心灵、身体……并让它们焕发出恒久的光彩。

男人是注重感官的，喜欢性感的女人。一直以来，性感的女人被喻为一朵娇艳之花，能够迷惑男人的眼睛。在任何场合，性感女人都会散发出耀眼的光芒。不同的女人有不同的味道，很多男人认为性感女人是最有女人味的。

说到性感，会使人想起感性这个词。性感和感性就好像一对孪生姐妹，如影随形。一个感性的女人，无论是凝神静思还是侃侃而谈，她的一举手一投足，都是那么细腻和充满感染力。一个很简单的例子，假如你不是个外表充满野性的女人，那么涵养一份内心的野性，也会让别人觉得你有种神秘感。而所谓的内心的野性，可以是爱冒险、爱尝试新事物、好幻想及随时为了实践梦想而豁出去。

性感在不同的女性身上，散发出不同的味道，产生不一样的效果。女人的性感是烙在骨子里的。女人真正的性感并不局限于女人的外表，比如相貌是否妩媚迷人，衣着是否风情撩人。女人性感的本质是一种发自内心的活力，这种活力彰显着女人丰富的内心，令男人情不自禁地遐想连篇。千万不要误认为穿得越少越性感，女人不应该把妩媚和性感当作荣耀，男人的"回头率"也不是她们作为女人的资本。如果某个女人在街上穿得过于暴露，人们免不了对她品头论足，尤其是一些在职场里身居要职的女人更是公众目光的焦点，她们应该清楚，"职场"和性感永远都不可能友好携手，上班时穿得太暴露是一种缺乏教养的表现。总之，女人追求性感千万不要采取媚俗的方式。

据性心理学研究，男人心目中的性感，除了发自女性的性特征和自信心、懂幽默、爱浪漫、刺激及冒险外，神秘也是性感的一种元素。电影史上被称为性感的明星如玛丽莲·梦露、碧姬·芭铎等，哪个没有深不可测的神秘眼神？女人在自己喜欢的男人面前，要给对方留有揣摩与想象的空间。所谓"犹抱琵琶半遮面"，若隐若现、若有若无，留有余韵也是营造神秘感的一种手段，总之，就是不要完全满足对方的好奇心。现代的性感早已超越视觉、身材或是暴露多少的范围，如花灿烂的笑靥、天真或带情思的眼波、沉溺于思考或想象时忧郁而出神的神态，都是内敛的性感。

现在，越来越多的现代女性都只为自己而不是为讨好男人而性感。正如今天的女性爱好打扮只为"自我感觉良好"，不是为"悦己者"容，而是为"悦己"容。何况，性感本身就是每个女人都有的天赋条件。女性刚醒来时的一对惺忪睡眼、喝酒后的微醉与一脸绯红何尝不性感？故性感无须刻意追求，性感原本就是上帝烙在女人骨子里的性磁力。女人只需自信地彰显自己，你的性感别人自然而然就会感受到了。

"贝蒂"变身"梦露"，一点点性感就足够

当玛丽莲·梦露穿着那条著名的白裙子站在地铁的通风口上，一股自下而上的风将她的裙子吹起——好莱坞历史上最为经典的一刻瞬间定格：全世界的男人都见识到了那双完美的大腿，"性感女神"由此诞生。没有任何一个女人可以从梦露手中抢走"性感女神"的头冠，懒洋洋的金发、魅惑的美人痣……梦露满足了所有男人对美的憧憬。

性感并非美丽女子的专利，当在美国电视剧《丑女贝蒂》中戴着红色眼镜，箍着牙套的贝蒂一出现时，不仅所有的男性观众惊恐不已，连大多数女性观众也大吃一惊：世上竟有如此

丑陋的女子？而走出《丑女贝蒂》的片场，走上英国版杂志《Marie Claire》时，贝蒂的扮演者亚美莉卡·弗伦拉却是别样的性感美丽，长长的波浪发，时而冷峻时而迷蒙的眼神，微厚的嘴唇流露出莫名的性感味道，黑色礼服包裹下的身体曲线玲珑。是又一个梦露诞生了么？谁也难以将这样性感的女性和笨重的丑女贝蒂联系在一起。

世界上没有丑女人，只有懒女人。许多女人只知道嫉妒梦露的性感，在心里抱怨自己的贝蒂外形，难以吸引男人的眼光。其实，你只需要给自己增添一点点性感，丑陋如贝蒂的你就能成功变身"梦露"，发出巨大的魅力电波，电倒一个又一个男人。美丽，有时候就这么简单，带一点性感就足够。

性感是一种妖娆的气质美。性感之所以是性感，在于它能引发一种性的吸引力。性感是烙在骨子里的，由内而外散发出来的无言诱感。性感放诸不同的女人身上，会产生不同的味道和意境，女人要懂得如何张扬自己的性感魅力。

俗话说"女为悦己者容"，女人的每一分美丽和性感，都牵动着身边男人的心，更何况性感本身就是每种雌性动物都有的天赋条件。它不需要什么技巧，是女人本性的自然流露，是上帝烙在女人骨子里的性磁力。

谁说只有美丽、丰满、野性的女人才性感？真正的性感从来都是耐人寻味的，超越视觉之上，成之于内而形之于外。

女人的性感源于内心的活力和生活的体验，这种活力彰显着女人丰富的内心和灵动的思绪，令男人情不自禁地浮想联翩。

在一米左右所散发的香味，是最能使人接受的香味

　　法国的一位很有名的服装设计师让模特儿在一个比较高的天桥上来表演他的服装。为了引起人们的注意，他特地嘱咐模特儿改变往常把香水洒在颈部和上身的做法，而把大量香水洒在腿上，结果效果非常差。因为在她们走路时，坐在下面的人很容易就闻到了浓烈的香味，这强烈的香水味让观众们感觉到很不适，大家也没有心情欣赏表演了，这当然对时装表演是大有坏处的。

　　一部好莱坞名片《闻香识女人》生动形象地说明了香水在人际交往中所蕴涵的缕缕情怀。恰当地喷洒香水，能够令自己更加引人注目、更出色。然而，运用香水不当，则会像上述事例一样，取得适得其反的效果。香水就如同"必杀技"，用得好则轻松获胜，失误了往往会伤害到自己。所以，喷香水一定要讲究方法，要注意以下事项：

　　1 香水要喷洒或涂抹在适当的地方

　　香水一般洒在耳朵后面或是手腕的脉搏上，手臂内侧和膝盖内侧也是合适的部位。除了直接涂于皮肤，还可以喷在衣服上，一般多喷在内衣和外衣内侧、裙下摆以及衣领后面。而面部、腋下的汗腺、易被太阳晒到的暴露部位、易过敏的皮肤部位以及有伤口甚至发炎的部位，都不适合涂香水。

　　若想保持香味持久，不妨搽在丝袜上。当你希望香味持久，又希望香气由下而上散发缭绕，搽在大腿内侧、脚踝内侧、膝

盖内侧以及长筒袜上是很好的方法。

2 使用不要过量，避免产生适得其反的效果

使用香水时要注意一个浓度问题，欧洲人和中东人因为体味大和习惯问题，用的香水会比较浓，我们没有必要效仿西方，因为大多数东方人还是习惯淡雅的香味，浓烈的香味往往会起到令人反感的作用。如果你想发挥好香水的作用，就一定要谨记这条香水使用黄金原则：在一米左右所散发的香味，是最能使人接受的香味。

3 应该根据场合和自己的角色来选择适合的香水

在工作时，应用清新淡雅的香水，这样才不会给人以唐突的感觉；在运动旅游场合，就应用各品牌中标有"运动"字样的运动香水；而在私下亲密的时刻，当然可以用浓烈诱人的古典幽香了。在白天和冬季由于湿度低，香水应相应增加浓度。

另外还应选择适合自己的香水。香水是无形的装饰品，没有比香水能更快、更有效地改变一个人的形象的了，你的香水也在表述着关于你的个性、品位、修养等等的信息，所以，选对适合自己的香水，有助于你形象的树立。

4 香水不仅仅是女士的宠爱，男士也应该适当使用香水

随着时代进步、人们审美情趣的提高，男士用香水也越来越被人们所接受。时至今日，很多男士都被古龙香水等淡香水所吸引。古龙水不仅仅可以驱除臭味，而且是一个有格调、有品位、高雅的男士的正常消费品。

现在，香水几乎已成为衣着的一部分了。无论是擦式的还是喷式的香水，在英文中都用 wear（穿着）这个动词。由此可见人们对香水的重视程度了。男士或女士出席正式场合时选用合宜的香水并适当使用，就能够表现出优雅和品位，能更好地改变一个人的形象。

做"魅"力女人又何妨

如今，许多女性太不懂得珍惜自身固有的灵气，过分地艳羡洋风洋雨，邯郸学步，将黑头发染成泥黄，把丹凤眼画得猫似的深奥碧蓝，垫高鼻梁，整一张阔嘴，希望美容院帮助造一张"洋脸"，行为开放、狂野，崇尚性感，追求暴露——却不知若隐若现的含蓄美比暴露美更具诱惑力，自然美比装饰美更具风情，有民族底蕴烘托的媚态美才是永恒的美！

下面是一位女性研究专家关于"媚"力的解说。

1 神态：令男人臣服的神情

且不管美人的器官是真是假，但有一点人们可以一眼见到，那便是美人脸上的表情及眼中的神情，那绝对不是化妆品可以描出的。

表情的媚态主要由眼睛来表达。眼睛是心灵的窗户，因真诚而洁净，因善良而柔和，因修养而典雅，因知识而深沉。内心美好可以使眼睛明亮如两颗闪烁的星星。正如老舍在《四世同堂》里所写的:"她的眼会使她征服一切。"

在灵活的眼睛里,可以看到生命的节奏,它给人一种灵动的美感。从美的外部表现看,灵活的眼睛具有美的节奏感,它包括眼睛的转动范围和转动频率。

如果美人不论是在何时、何地做何事,总是同样的脸孔,即使没有丝毫的缺陷,看上去也像人们所说的,是一张"没有表情的脸孔"。虽说是鸡蛋里挑骨头、找碴儿,可表情实在太单调了,没有给人半点想象的余地,因而会使看者厌倦。"美人三天就会厌倦,丑妇三天也会习惯",这句话不是没有道理的。

动人的表情贴在漂亮的五官上固然好,但能出现在普通人的面颊上,带给我们的将是一份意外的欣喜。

聪明女孩,要好好打理你的表情。

2 香气:令男人着迷的味道

女人的体味是最令男人着迷的。每个女人的体味都不同,这跟她的指纹一样。有些男人会对某个女人的体味终生痴迷,那是因为他们之间生理的性细胞互相吸引。其次是女人所用的香水,虽说女人用香水是一种享受,但香水最本质的功能是与女人自身的体味形成互补,产生更大的魅力。迷人的女人香再加上女人可爱的形态和气质,会使女人显得更加完美。

气质女人的味道,是自己的另一张名片,让你认识朋友,也认识自己。

3 姿态:令男人心动的姿态

女人的形体动作是表现情韵的最佳道具。情调高雅的女人,不论摆出何种姿态,都会让男人心旌动摇,而最惹得男人心动、爱怜的姿态就是女性美的姿态。

男人苦闷的时候,娇媚的女人是最好的解愁药。倒不是非要你解决问题,而是你给了他足够的情绪支持。当然,还有眼神的关注也是你"在乎他"的肢体语言。

娇媚的女人在说话时会时时注意声音的力度、音阶和速度,音调抑扬婉转,语句简洁明白。她像一个调音师,精心把握每一个音节,奏出整体优美的音乐。

温柔的语言、亲切的态度、婉转的音调、平和的旋律,这些加起来,会使一个女人变得异常有女人味,让其魅力倍增。

温柔是女人百试不爽的终极武器

自古,雄性代表阳刚,雌性代表阴柔,无论如何,女人都不应失去女性特有的温柔。

女人最能打动人的就是温柔。温柔而不做作的女人,知冷知热,知轻知重。和她在一起,内心的不愉快也会烟消云散,这样的女人是最能令人心动的。

所谓女人味,是指那种含蓄、优雅、贤淑、柔静的女人味道,也是一种令男性不可抗拒的力量。尤其是处于保守的东方社会,男人所期望的仍然是富有母爱温柔的女性。如果女性的行为太开放,言语太大胆,语气太强硬,男士们都会望而却步。

温柔是女性独有的特点,也是女性的宝贵财富。如果你希望自己更完美、更妩媚、更有魅力，你就应当保持或挖掘自己身上作为女性所特有的温柔性情。须知：做女人，不能不懂温柔；要做个百分之百的好女人，不能丧失温柔；要成为幸福快乐的女人，绝对不能不温柔。

温柔是女人的本色，正如阳刚是男儿的本色一样。缺少温柔的女人会被人视为"没有女人味"，缺乏阳刚的男人会被人叫"娘娘腔"。

女性的温柔是民族遗风、文化修养、性格培养三者共同凝练所致。一个有魅力的女人，善于在纷繁琐事、忙忙碌碌中温柔，善于在轻松自由、欢乐幸福中温柔，善于在柳暗花明时温柔，善于在关切和疼爱中融合情人与妻子两种温柔，善于在负担和创造中温柔，更善于填补温柔、置换温柔。

温柔是一种足以让男人一见钟情、忠贞不渝的魅力。的确，男人在挑剔的眼光中，盯着女人的美丽的同时心里还渴求温柔。在充满浪漫的青年时代，美丽或许会占上风，可当从感性回到理性的认识中时，男人就会越发明白：温柔比美丽可爱。事实上也是如此，在季节的变迁、时间的轮回中，美丽的外表会失去光泽，而温柔将会永驻。女性的温柔古往今来给人间带来多少深情挚爱、温馨和谐，让男人不能忘怀。恋人的温柔若款款的催化剂，催促着爱情的花果早日绽放成熟。夫妻的温柔像缕缕春天的阳光，像轮秋夜的明月，为生活平添着温馨和明净。

温柔里面包含着深刻的东西，这就是爱。这种爱之所以深刻，是因为不是生硬地表演出来的，而是生命本体的一种自然散发。温柔可不是娇滴滴，嗲声嗲气。这里有真假之分。娇滴滴、嗲声嗲气是假惺惺，是故作姿态。而温柔是真性情，是骨子里生长出来的东西。一个女人站在面前，说上几句话，甚至不用说话，我们就能感觉到这个女人是温柔还是不温柔。

温柔的女人就是上帝派来的爱的天使。人们常说："水做的女人，泥做的男人。"有了如水般的温情，再硬的顽石也会消融。女人用温柔征服男人，征服世界。

温柔的女人具有一种特殊的魅力，她们更容易博得男人的钟情和喜爱。这样的女人像绵绵细雨，润物细无声，给人一种温馨的感觉，令人回味无穷。

一脸娇羞胜过无数情话

时尚，似乎总与羞涩为敌。吊带裙、露脐装、裸肩露背、大胆奔放。

羞涩，成了现代女性最为缺乏的元素之一。

羞涩，是人类文明进步的产物。然而社会越发展，女人反而越来越不懂得羞涩了。其实，暴露只能唤起肉欲，而性格气质的性感，才是性感的最高境界。

娇羞曾是女人独特的美丽，是一种青春的闪光、感情的信号，是被异性撩动了心弦的一种外在表现，是传递情波的一种特殊语言。当心仪的他出现眼前，女人内心深处的一颗心不由自主地悸动，红晕爬上了青春美丽的脸庞，似一种无声的诱惑语言，撩动了男人内心的爱情之弦。当女人知道了羞涩对男人的魅惑力，便学会了在脸庞涂抹淡淡的红色胭脂，似一抹羞涩的红云，男人看在眼里，心里愈发荡起层层的涟漪。

许多时候，女人一脸的娇羞反而胜过了无数的情话，让男人的心怦怦跳动。娇羞的女人，在男人的眼中有一种别样的魅力，令他们魂牵梦萦，欲罢不能。有男人爱煞女人一脸娇羞的表情，曾写诗赞道："姑娘，你那娇羞的脸使我动心，那两片绯红的云显示了你爱我的纯真。"就连著名诗人徐志摩都写诗赞叹道："最是那一低头的温柔，像一朵水莲花，不胜凉风的娇羞。"知名作家老舍先生也以为："女子的心在羞耻上运用着一大半，一个女子的脸红胜过一大片话。"

韩剧《星梦奇缘》中，男主角江民之所以爱上女主角涟漪，正是源于她时时流露出的娇羞女儿姿态，让他内心腾升出一股想要拥她入怀、终生呵护她的欲望。娇羞的涟漪，尽管她也深深地爱着江民，但她总不敢像时下的热情奔放型女人一般，大胆将内心的爱意说出口，总是将那份深深的爱埋藏心底。她和江民相处了那么久，只有唯一的一次告白，那是在相思之苦的煎熬下，才让一句"你知道我有多想你吗"脱口而出，让江民为之动容。虽然涟漪不擅长用言词表达自己的爱意，但她含情的眼神、绯红的脸颊和温柔的笑容，却在默默地向江民袒露心迹，告诉这个优秀的男人她有多爱他。

娇羞朦胧，魅力无穷。娇羞犹如披在女人身上的神秘轻纱，增添了一种迷离朦胧的美感，这是一种含蓄的美，是一种蕴藉的柔情。温柔似水是大多数女人的天性，纯真善良是女人应有的品质，而娇羞正是二者的结合与体现。娇羞的女人是春天的草，想探头，却似露非露；娇羞的女人是清晨的雾，朦朦胧胧，似古时的女子掩袖遮那颊上的彩云；娇羞的女人是山中的泉，清凉心间；娇羞的女人是一缕风，柔柔拂面，情不自禁伸手去抓。娇羞的目光清澈如皎洁的月光，娇羞的潮红明艳如含露的花瓣，娇羞的语言含蓄委婉地传递女人的兰心蕙质。

娇羞的女人，美在含蓄，美在执意，美在精致，美在柔情，美在朦胧，这样的美，是自然的美，是内心最最真实的心境美。只有这样朦胧的美丽，才能牵扯着他的魂魄，让他日思夜想，惦记在心的中央。

女人的香水名片

女人的妆容、服装都是看得见、摸得着的，只有香水是无形地萦绕在女人周围，但它同样昭示着女人的品位。如果女人少了香水，总觉得缺少那么一点引人入胜的情趣。女人以香水为名片。她们一般选择一种最能表达其个性特征的香水，来展现其独特的魅力。因为她们知道，没有谁会永远在自己的身边，唯有身上的那缕芳香，才会分分秒秒与自己在一起。

香水与女人的关系源远流长。在很早以前，香水曾被颇有心计又有地位的女人当作一种实施阴谋手段的工具而备受青睐。美丽的埃及艳后每当温柔时刻，总不会忘了在她的船帆上洒满香水，制造梦幻迷人的陷阱。也因这股芬芳气息的迷惑，因这个美人的千般风情，至少恺撒与安东尼在这种精心制造的温柔乡中沉醉了，艳后满足了她强烈的政治欲望，香水发挥了它的神奇作用。

在古埃及、印度及中国的古老文化中，都有关于香水的记载。那时的人类开始懂得运用熏香提炼的方式来处理香料，并从美妙的香味中享受无以言表的喜悦。到13世纪英国伊丽莎白女王时期，一瓶加入乙醇的名叫"匈牙利之水"的香水，成为世界上第一瓶香水。法国路易十四时期，香水的使用已成为当时上流社会贵妇人最时尚的宠爱佳品。

1920年以前，妇女使用的香水仍是几种简单的花香味。至1920年初，服装设计师们认为，只有香气馥郁的女子才能与华丽的时装相匹配。说到香水，不能不说到一个伟大的人物——可可·香奈儿，这个让人即刻联想到时装、香水、女性解放和自然魅力的名字，被玛丽莲·梦露称之为"唯一睡衣"的女人。夏奈尔认为："一个女人不该只有玫瑰和铃兰的味道，一个衣着优雅的女人同时也应该是个气息迷人的女人，没有味道的女人没有未来，香水会增添她无穷的魅力。"

香水不但会使女人的打扮更趋完美，也会使男人享受一种浪漫的气氛。香水调配师称香水是"液体的钻石"。而女人又称调配师为"调和全世界香味的艺术家"。女人的优雅、女人的娇艳、女人的爱情，甚至女人的命运都同一瓶瓶美轮美奂的香水有着剪不断理还乱的情愫。法国女性认为，与其被男性称赞说"你的穿着十分得体，很漂亮"，不如一句"你的香水多么适合你，你太有魅力了"。对衣饰的赞美只是外在的恭维，可是当一个男人已经注意到你身体散发的香味时，就是从心理上了解你，或者对你有非常的好感了。

　　由此可见，香水与女人之间，一直存在着亲密而微妙的关系，女人的美丽优雅、性感浪漫、恬静柔情、洒脱活泼借着曼妙的香气暗暗传送，展现着独特的个性宣言。闭着眼睛什么都看不见，但脑海中常常浮现出比睁大眼睛见到的多得多的形象，因为那是想象力最活跃的时候，闭着眼睛就能凭气息来判断她是谁。

　　香味犹如女人的一张名片，透露着一个女人的故事，不用只言片语。在电影《闻香识女人》中，那位盲人上校从一个女人用的香水中判断出她的家世、性格喜好，并断言她是一个出身好家庭的女人……并非只有电影里才会有这么神奇的故事，人们对气味的敏感程度以及香味对人情绪的影响力，远远超乎我们的想象。

　　一个女人从你身边袅袅婷婷地走过，尽管她朱唇未启，可她身上特有的幽香，已在不经意中透露了她的品位。"闻香识女人"，一个女人身上所散发的气息一旦被固定，被人记住，这个女人就成了他心中的"名牌"。

　　童话故事里，是水晶鞋让灰姑娘成为了美丽动人的公主，然而，哪一个公主不是周身香气袭人？要想从灰姑娘变成美丽的公主，光有美丽的衣衫哪里够，还需要一滴香水，你才能完成从灰姑娘到公主的完美变身。

具有情调的女人最可爱

"女人不是因为美丽而可爱,而是因为可爱而美丽。"这话不无道理。什么样的女人才可爱?具有浪漫情调的女人最可爱。浪漫情调是一种美丽的象征,它是女人的天性。因为浪漫,女人把爱她的男人带向海边去感受大自然,这远比到服装店去包装自己的躯壳更有意境;因为浪漫,女人从工薪中抽取部分钱去音乐厅接受"大弦、小弦"的陶冶,这远比把成堆的时间耗在"追星"上高雅得多;因为浪漫,女人用自己的主观感受美,又把自己变成美的客观存在的化身。

具有浪漫情调的女人通常胸怀比较豁达,不会和别的女人斤斤计较鸡毛蒜皮的小事,她们会把自己的眼光放在远处,对未来的生活充满美好的憧憬和期待。尽管她们知道未来与现实相距十万八千里,但她们并不悲观,在自我精神获得满足的前提下,女人还会把很多乐趣带给周围的人,让周围的人在她的感染下也充满浪漫情调。伴于她周围的人,也因此会感受到她——一个女人因为可爱而显得如此的美丽。

现代人的生活大都很忙碌,生活的压力使得每个人或多或少都感觉有些郁闷,一个喜欢浪漫并善于制造浪漫气氛的女子,不仅会使她的容貌变得非常迷人,而且也能使年龄的鸿沟在人们的概念中不知不觉地减到最浅,从而缔造出美丽的情愫来,使得女人豁达起来。一个外表美丽的女人固然能让人动容,但一个情调浪漫的女人则能用她的浪漫影响他人,这才是最出色的动人的美。

我们的生活可以很平淡，很简单，但是不可以缺少情趣。一个蕙质兰心的灵巧女孩，必定懂得从生活的点滴琐碎中采撷出五彩缤纷的情趣。

小张是一个大三的穷学生。一个男生喜欢她，同时也喜欢另一个家境很好的女生。在他眼里，她们都很优秀，他不知道应该选谁做妻子。有一次，他到小张家玩，她的房间非常简陋，没什么像样的家具。但当他走到窗前时，发现窗台上放了一瓶花——瓶子只是一个普通的水杯，花是在田野里采来的野花。就在那一瞬，他下定了决心，选择小张作为自己的终身伴侣。促使他下这个决心的理由很简单，小张虽然穷，却是个懂得如何生活的人，将来无论他们遇到什么困难，他相信她都不会失去对生活的信心。

小王是个普通的职员，过着很平淡的日子。她常和同事说笑："如果我将来有了钱……"同事以为她一定会说买房子买车子，而她的回答是："我就每天买一束鲜花回家！"不是她现在买不起，而是觉得按她目前的收入，到花店买花有些奢侈。有一天她走过人行天桥，看见一个乡下人在卖花，他身边的塑料桶里放着好几把康乃馨，她不由得停了下来。这些花一把才开价5元钱，如果是在花店，起码要15元，她毫不犹豫地掏钱买了一把。这把从天桥上买回来的康乃馨，在她的精心呵护下开了一个月。每隔两三天，她就为花换一次水，再放一粒维生素C，据说这样可以让鲜花开放的时间更长一些。每当她和孩子一起做这一切的时候，都觉得特别开心。

生活中还有很多像小张、小王这样懂得生活情调的女人，她们懂得在平凡的生活细节中拣拾生活的情趣。亨利·梭罗说过："我们来到这个世上，就有理由享受生活的乐趣。"当然，享受生活并不需要太多的物质支持，因为无论是穷人还是富人，他们在对幸福的感受方面并没有很大的区别，我们可以通过摄影、收藏、从事业余爱好等途径培养生活情趣。卡耐基说过，生活的艺术可以用许多方法表现出来。没有任何东西可以不屑一顾，没有任何一件小事可以被忽略。一次家庭聚会，一件普通得再也不能普通的家务都可以为我们的生活带来无穷的乐趣与活力。

做个"疯"情万种的女人

"疯"女人的确变化莫测。她们有多变的装束，她们藐视所谓的教条主义。"疯"女人把男人喜新厌旧的心思琢磨透了，但她们自己也是如此的"精明"。

够韵味的女人，才具有最真实的风情。风情不同于性感，风情女人来自神，性感女人来自形；风情女人富于情调与韵致，性感女人多于性与肉感。

国内外许多时尚杂志的封面，几乎千篇一律都是美人像。有的颇觉一般，形象并不漂亮，眼神很空洞，只是穿着比较时尚；有的虽堪称绝代佳人，但形神之间，总感觉缺了点什么，只是美，却少了撩人的情韵，难以给人深刻的震撼；有的虽长相平平，但细品之下，顿觉她女人味十足，让人过目不忘，一招一式皆风情。

女人的风情最多来源于她的眼睛，有的女人有一双明亮的大眼睛，可读她的瞳仁，有的却像结束的电视屏幕，里面什么也没有，让人读不出她内心的风景。这样的大眼睛，只是造物主捏造出来的美丽，而且是否真正美丽，还大有疑问。有风情韵味的眼睛绝对是耐看、耐读的，它是心灵的传感器，让阅读者产生心灵感应。它的忽闪萌动着生命，其神韵类似伦勃朗肖像画笔下的光，闪烁而灵动。

一个好演员的眼神里必是写满风情的，导演称之为"眼睛里有戏"。戏台上的人生是百变的，好演员的眼里更需要有百变的风情。日常生活当然不同于舞台人生，生活中需要的风情眼，应该是至诚、至真、至纯的。善于把内心的风景通过眼波与流盼倾泻出来，会让人感到女人的可爱，让女人娇嗔毕现。

女人的风情并不完全在于她标致的身段。有着苗条的好身材，长腿、硕胸、蜂腰，并自诩为性感迷人，走起路来婀娜多姿，但仍难以评上高分。因为她走的"猫步"虽然很标准，但在肢体语言上，总感觉少了点儿风情；如果只是机械地陈列，僵硬地拼凑，缺乏灵性，没有韵致，类似对毕加索线条的拙劣模仿。相反，有些女人即使不是模特出身，但其形体风情显山露水，走起路来风情顿起，让人感到是一幅移动的画，如清风扑面，如婷婷玉莲，怎么看都秀色可餐、光彩照人。

风情是十分微妙的，它是不可言明的。风情是附在女人身上的精灵，无色无香，令人捉摸不透。也许它是一股"气"——

女人气,既可以藏匿,也可以外泄。一藏一露之间,方得女人之佳妙;一敛一放之间,方显女人之妩媚。风情女人端庄、典雅,韵味无穷、风情万种。

性感"美人"修炼法则

每个女人都不想让岁月在自己的身体上留下痕迹。于是,所有的女人都希望自己能够留住时光的脚步,留住青春。

那么,怎样才能提升女人的修行,让她们迅速地修炼成"美妖"呢?

1 不再与"大饼脸"为伍

一张脸是否漂亮对女人的形象有着重大的影响。脸蛋儿的魅力会为我们的整体吸引力加分,但一旦我们不幸被称为"大脸猫""大脸妹",那么美丽是要被打折的!

为了甩掉这个外号,试试下面这些对我们有帮助的方法吧。

进食时慢慢咀嚼食物,锻炼脸部肌肉。

用温水、冷水交替洗脸,促进血液循环及新陈代谢。

多喝咖啡以帮助排除多余水分。

改变高枕睡觉的习惯。

避免太夸张或面无表情的讲话方式。

定期保养肌肤,防止皮肤因为失去弹性而松弛。

2 小"腹"婆变成小"腰"精

中国自古以来就推崇女性的细腰美，于是，如何拥有纤细腰肢成为众多女性的日常功课之一。

（1）细腰操

平躺，双腿并拢向上伸直（运用腰腹部的力量）。

背和臀部也同时向上挺直（离开接触面）。

慢慢放落，速度一定要慢。

重复进行5～10次，也可根据自己的体能多做几次。

（2）消除小腹赘肉的运动操

仰躺，臀部紧缩，两脚分开与腰同宽。

两脚尖向内侧靠拢，双手枕在脑后。

边吐气，双腿边往上抬至离地5厘米高，并伸展跟腱。两手支撑着头部往上抬，伸展颈部。充分伸展之后，吸气、憋住，直到憋不住时，恢复原来姿势，重复做10次。

3 热辣翘臀很简单

我们总羡慕那些穿着合身牛仔裤，能包出翘翘臀部的女人，那么快来做对塑臀有益的运动吧。

锻炼臀中肌，即臀上部肌肉，能够塑造出漂亮的圆形臀部。而锻炼臀大肌则是针对臀部后侧的大部分肌肉，可以塑造出臀部侧面的圆窝。多做踢腿运动，可以把两部分肌肉都锻炼到，并且还能够帮助加强稳定性和协调性。每周做2～3次，加上4～5次有氧运动（45分钟1次），4周之后，你就可以拥有完美的臀线了。

除去上述的美臀方法外，简单按摩也是快速美臀的捷径。持之以恒地按摩承扶穴、涌泉穴，臀部自然会浑圆优美。

4 从此告别大象腿

对每个女人来讲，决定形体美的重要因素之一是腿，它的形象总不能让我们满意。粗壮的大腿脂肪过多，很难减下去，怎么办？

不用着急，我们将为女人的美腿运动给出专业的3种改善腿粗的方法：

以双腿为主的锻炼。如果你把目标定在粗胖的大腿上，你最好还是选择一种以锻炼双腿为主的运动。锻炼大腿和臀部肌肉的最佳运动是步行、骑自行车（包括在室内骑健身车）、越野滑雪、爬楼梯。

步行与跑步方法。以步行为主，途中进行几次短距离跑步，每次跑一两百米，习惯后，逐渐将跑步的时间延长。

游泳。水的阻力会使双腿活动比较费力，却不会像在地面上跑步那样承受较大的震荡，因此是减去腿部和臀部脂肪的好方法。

5 "太平公主"也要抬头挺胸

有句经典的广告词——做女人"挺"好，所以我们要及时地摘掉"太平公主"的大帽子，做个丰胸美人。

体操法。伸直背部肌肉并且抬头挺胸，双手合十置于胸前，这时彻底撑开肘部，双肩不要摆动，要平心静气；始终让胸部保持用力的状态，同时在手心上用力，相互推压缓慢地向左右移动。当手到达中心位置时，吸气，左右交替动作 10～20 次。

沐浴法。将水温调到 40 度左右，不能太热，否则会使皮肤松弛。用蓬头对乳房由下往上冲，水流可以强一些，左右交替各 1 分钟，或水开小些，以圆形运动方向按摩乳房周围。

按摩胸部法。由下往上，由内往外将乳房往上提升，以双手的手温及适当的力度交替来回按摩双乳约 2 分钟。可以使用美胸的产品或是身体按摩油，滋润胸部的肌肤及增加弹性。

这个世界上，没有丑女人只有懒女人。想要成为美女的你只要按照上面的方法持之以恒，会越变越美丽的！

第九章
不要一味标榜内涵而轻视门面

好形象从"头"出发

按照一般习惯,一个人注意和打量他人,往往是从头部开始的。而头发生长于头顶,位于人体的"制高点",所以更容易先入为主,引起重视。鉴于此,要想打造良好形象,首先应该从"头"出发。

1 勤于梳洗

头发是人们脸面之中的脸面,所以应当自觉地做好日常护理。不论有无交际应酬活动,平日都要对自己的头发勤于梳洗,不要临阵磨枪,更不能忽略此点,疏于对头发的"管理"。

通常理发的间隔,男士应为半月左右一次,女士可根据个人情况而定,但最长不应长于一个月。洗发,一般可以3天左右进行一次。至于梳理头发，更应当时时不忘，见机行事。总之，头发一定要洗净、理好、梳整齐。

如有重要的交际应酬，应于事前再进行一次洗发、理发、梳发，不必拘泥于以上时限。不过切记，此类活动应在"幕后"操作，不可当众"演出"。

2 发型得体

发型，即头发的整体造型。在理发与修饰头发时，对此都不容回避。选择发型，除个人偏好可适当兼顾外，最重要的是要考虑个人条件和所处场合。

（1）个人条件。

个人条件，包括发质、脸形、身高、胖瘦、年纪、着装、佩饰、性格等，都会影响发型的选择，对此切不可掉以轻心。

在上述个人条件里，脸形对发型的选择影响最大。选择发型时，一定要考虑自己的脸形特点，例如，国字脸的男士最好别理板寸，否则看上去好像一张扑克牌。Ω 发型，则主要适合鹅蛋脸的女士，头发的下端向外翻翘，可展示此种脸形之美。要是倒三角脸形的女士选择了它，就不太好看了。

（2）所处场合。

在社会生活中，人们的职业不同、身份不同、工作环境不同，发型自然也应有所不同。总而言之，在工作场合抛头露面的人，发型应当传统、庄重、保守一些；在社交场合频频亮相的人，发型则应当个性、时尚、艺术一些。至于前卫、怪异的发型，大约只有对艺术工作者才是适合的。

3 长短适中

虽然说想要头发或长或短完全是一个人的自由，但是从社交礼仪和审美的角度来说，头发到底该多长或多短是有讲究的。具体来说，其受以下几个因素的影响：

（1）性别因素。

男性和女性的区别，在头发长短上就有所体现。一般大家的观点是：女士可以留短发，但是却很少理寸头；男士的头发虽然也可以稍长，但是不宜长发披肩、扎辫子之类的。

（2）身高因素。

从美观的角度来说，头发的长度在一定程度上应该与个人身高有关。以女士留长发为例，头发的长度应该与身高成正比。如果一个矮小的女生，头发却长过腰，反而会显得自己的个头更矮的。

（3）年龄因素。

如果一头飘逸的长发出现在少女的头上，会有相得益彰的感觉。但是如果一位六七十岁的老奶奶却留很长的头发，则会让人感觉有些怪异，且显得自己没有多大的精神。

（4）职业因素。

职业对头发的长短也有一定的影响因素的。比如，野战军的战士通常会理寸头，这是为了方便负伤的抢救，但是商政界人士则不适合这样。对于在商界工作的女士来说，头发最好不过肩，而且应以束发、盘发作为常用造型；男士则不宜留鬓角和发帘，长度最好以不触及衬衣领口为宜。

4 美化、自然

人们在修饰头发时，往往会有意识地运用某些技术手段对其进行美化，这就是所谓的美发。美发不仅要美观大方，而且要自然，不宜雕琢过重或是不合时宜。

在通常情况下，美发的方法有4种形式，它们分别是：

（1）烫发。烫发，即运用物理手段或化学手段，将头发做成适当形状的方法。决定烫发之前，先要看一下本人发质、年龄、职业是否合适。如果一个不到20岁的女孩子烫了大波浪卷的头发，就会显得老气横秋。

（2）染发。发色不理想，或是头发变白，即可使用染发剂令其变色。对中国人而言，将头发染黑无可非议，而若想将其染成其他色彩，甚至染成多色彩发，则须三思而行。

（3）作发。作发，即运用发油、发露、发乳、发胶、摩丝等美发用品，将头发塑造成一定形状，或对其进行护理。作发的要求与烫发的要求大体相似。

（4）假发。头发有先天缺陷或后天缺陷者，均可选戴假发。选择假发，一是要使用方便，二是要天衣无缝，不可过分俗气。

3项建议帮你打造美丽容颜

想拥有一个美丽的容颜，让自己的形象看起来更吸引人，就要做好美容护理。具体来说，下面的这3项建议可以帮到你：

1 保持乐观的情绪有利于美容

保持平和乐观的心态、愉悦的心情，是必不可少的美容法。

皮肤与情绪之间有着密切的联系，情绪影响到神经—体液—内分泌系统，影响到包括皮肤在内的整个肌体，真正影响人容貌的是其情绪的好坏。

愤怒、恐惧、焦虑、痛苦、惊慌、不满、嫉妒等情绪常常会使神经体液调节发生紊乱，使交感神经兴奋、小血管收缩、毛细血管的脆性增加、心率改变、呼吸频率改变、皮肤温度下降。

由于现在的生活节奏加快，几乎每一个人都生活在重压和紧张的氛围下，这样的紧张会影响血液的正常循环，进而使皮肤变得粗糙干燥。而且，神经自律功能陡降，促使皮脂的分泌旺盛，于是青春痘或面疱就冒出来，也容易产生雀斑、黑斑、皱纹，由紧张所引起的不安、不满、烦躁等现象，会充分反映在皮肤状况上。

无论是在工作中还是生活中，我们都会有不少纠纷与烦心事。但是无论怎样艰难，希望你都能保持乐观的心怀、豁达坦荡的胸怀以及稳定的情绪，它们对保持年轻、健康、美丽起着十分重要的作用。

因此，不要使自己生活在这种压力和紧张下，懂得改变现有的生活状态，让自己的心态平静。

2 充足的睡眠是美容的法宝

健康充足的睡眠虽然是美容的法宝，但是不少职业女性却没有好的睡眠习惯。

当你年轻的时候,当然有少睡的本钱,第二天早上起来洗漱完,又是一个精神自信的形象。但随着年龄的增长,这样的资本会一天天减少,如果你希望少长皱纹,就需要保证充足的睡眠。

假如你习惯深夜工作,那么你也应该在白天补足睡眠。每个人需要多少睡眠时间,是根据自身的身体状况来决定的。太多或太少的睡眠都对健康有影响。只要你一觉起来,又觉得精神饱满、无疲倦之感就够了。

人的身体有一定的生理节奏。很多人都有过这种经历,就是睡眠不足时,皮肤马上反映出来。皮肤利用人睡觉的时候接受营养的补给,以消除疲劳、恢复元气。可是在没有黑夜的大都市的一些繁华场所,熙来攘往的人潮当中,有很多人是"夜猫族"。

25岁以上的人,如果不充分掌握睡眠的黄金时间,晚睡晚起,肌肤就会过早地出现小皱纹,造成皮肤的衰老。而人到中年往往是操劳最多的时候,况且中年又是皮肤变化最大的时期,过度疲劳与睡眠不足是必须避免的,否则长期疲劳会使你的皮肤失去光泽与老化,平添许多皱纹。

人体生物钟是有规律的,违背自然规律地少睡或不睡,不仅你的眼睛由于深夜的重负会造成周围皮肤过早地松弛,而且你平静的心情得不到及时调养,会出现紊乱,其结果就是皱纹的增多,整体皮肤的未老先衰。

虽然我们对肌体在睡眠过程中停止活动的机理研究还不完

全，但我们知道，肌体在睡眠中是很活跃的，简单地说，我们把在醒着时所支出的东西在睡眠中再补充回来，从而使我们得以复原，而且是身体和精神两方面的复原。美丽的一个必要前提是有足够的睡眠，给你的肌体充足的时间和机会好好休养，积蓄新的力量以开始新的一天。

因此，想要拥有良好的皮肤状况，形象看起来更健康，那么生活作息时间一定要规律，每天要按时起床、按时就寝，避免睡前谈使人兴奋的事。为了晚上能自然入睡，要保持白天有足够的活动与工作，这样晚上自然由兴奋转入抑制，睡眠就有了保证。

3 自然美容简单而有效

自然美容既简便又易行，且效果也不错，是许多爱美人士的首选。其中最流行、效果也不错的自然美容方法就是蒸面美容法。

蒸汽护肤是一种更为深层的洁面方法，只有在洗脸和面膜都没有达到预期的效果后使用为好。假如你的皮肤光洁而有弹性，又能坚持正确的方法每天洗脸，那么蒸汽护肤和磨砂膏是可以少做和省略的。

蒸面是通过水蒸气的蒸熏，使干燥或粗糙的皮肤毛孔扩张，从而达到去除污垢、增强面部皮肤的血液循环、让皮肤更好地吸收水分和营养、滋润肌肤，使之变得细腻和光洁的效果。国内外不少美容院都用蒸面器来改善顾客脸部肌肤的性能。但是在家中，你一样可以采用一种简单蒸面法来达到同样的效果。

首先，要净面。不管是何种保养法，如果不把面部清洁干净就进行，是不会有好效果的。净面可用洁肤乳、洗面奶，也可用植物油，涂上以后，略加按摩，再用柔软的拭面纸将洁肤物轻轻拭去，用毛巾把头发包好，然后就可以开始蒸脸了。

蒸面的用具很简单，一个水壶或脸盆。用水壶烧开一壶水，在水壶下继续加热，使其能保持一定温度，不断有蒸汽冒出即可。用一块大毛巾将冒着蒸汽的水壶围住，形成一个筒状。闭目俯身，脸与盆相距10厘米左右，让蒸汽不断地升到脸部。油性肌肤的人，水温可以高一些，但时间不宜长，持续约5分钟，使面部感觉发烫为宜。

需要注意的是，虽然市面上有不少中药面膜和放在蒸面器中随蒸汽一起作用于皮肤的中药美容用品，但是这种药品性的东西对自己的皮肤是否合适，还是应该根据自己皮肤的状况慎重地判断，以免应使用不当，而使面部色素沉着、发黑。

得体的妆容要遵循"8字箴言"

每个女人都应该学一些基本的化妆技巧，这是女人爱自己的一种表现。化妆不仅能改变女人的外在形象，还能改变女人的内心，让女人更自信、更从容地面对人生。爱美而聪慧的女人都应该懂得用化妆来弥补容貌的缺憾，色彩、线条、层次……这些化妆技巧能让女人瞬间焕发光彩。

看看下面的"8字箴言"并加以熟练运用，你也可以成为化妆高手。

正确：正确是化妆最基本的要求，是化妆一定要把握的基本原则。比如画眉毛，要知道眉毛正确的起始点和高度、角度等原则，否则即使你画得再用心，也难免会给人不顺眼的感觉。

一般来说，眉头的起始位置和内眼角的位置是一致的，"三庭五眼"所说的"五眼"便是在两个眉头之间可以放下一个眼睛的长度，如果眉头超出内眼角，两眼之间距离过短，人会显得压抑，相反，如果两眉间距离过宽，人会显得呆板、缺乏活力。因此，各位女士在初学化妆时，一定要搞清楚各部位化妆的基本要求。

精致：精致其实是化妆过程中比较容易达到的，只需要在化妆过程中多一些细心和耐心，再加上每时每刻保持形象不松懈的意识，就能使自己的妆容给人以精致的感觉。比如涂口红时一定要注意边沿是否整齐清晰，粉底是否薄厚均匀，有无浮粉现象，眉毛修得是否整齐，有无杂乱现象，等等。要做到精致，需要的只是你的反复练习和坚持不懈。

准确：准确是在正确基础上的进一步要求，掌握了正确的化妆原则，在具体操作时还要做到准确，准确地把正确的化妆原则体现出来。比如说唇形化得好不好，不能单从大小、厚薄等方面来评价，还要学会与自己的脸形、气质及将要出席的场合相匹配。要达到准确的化妆效果，需要经过充分的练习。

和谐：和谐是化妆的最高境界，和谐的妆容能自然而得体地表现出你的个性和品位。和谐包含3个层面，第1是妆面的和谐，表现在各个部位的化妆上，风格、色彩都要统一，比如眉形如果是属于柔美型的，那么唇形也要画成柔美型的；如果眼影是暖色调的，那么口红也要相应地涂成暖色调的，这样才能在整体上达到一种和谐的效果。和谐的第 2 个层面是妆面与整体形象的搭配。面部妆容要与你的发型、服饰、饰物等相搭配。和谐的第 3 个层面是妆容与外环境的和谐搭配。比如你要表达的气质、情感，将要出席的场合，你的职业，等等。

化妆不仅仅是一种美化外表的手段，同时也是情感的表达，它可以体现出女人的生活态度。妆容精致的女人能够传达出她热爱生活、尊重别人、在乎自己以及积极的生活态度，这样的女人往往具有无穷的魅力。

面容修饰，铸出亮丽容颜

面容是人的仪表之首，也是最能动人之处，所以面容的修饰是仪容美的重头戏，特别是在社交场合，对于面容的修饰更为重要。

由于性别的差异和人们认知角度的不同，男女在面容美化的方式、方法和具体要求上是各不同的，他们有着各自不同的特点。

1 男士面容的基本要求

男士面容最基本的地方，体现在胡须上。男士应该养成每天修面剃须的良好习惯。如果实在想蓄须的话，男士朋友们也应该从工作的角度出发,看工作是否允许,并应该经常修剪,保持卫生。不管是留小胡子还是络腮胡,整洁大方是最重要的。而没有留胡子的人,在出席各种公共场合或社交活动的时候,切不能胡子拉碴地去。

2 女士面容的基本要求

一般来说,女士的美容化妆应特别注意如下几点:

(1)化妆的浓淡要考虑时间、场合的问题。

随着时间与场合的改变,女士化妆应有相应的变化。白天,在自然光下,一般女士略施粉黛即可;在工作的时候也应以清新、自然的妆容为宜。而在参加晚间的娱乐的活动时,浓妆比淡妆更好。

(2)化妆治标而不治本,属于消极的美容,应提倡积极的美容。

面部的皮肤比我们想象中更娇嫩,任何不科学的外部刺激都会对其产生不同程度的损伤。正如大家所知道的,任何化妆品中都含有一定量的化学物质,这些化学物质对皮肤多少都会有不良的刺激。不少女士喜欢浓妆艳抹,这样也许会为她增添几分妩媚,但事实上,这是消极美容,会对皮肤产生一定程度的伤害。因此,要想使面容的仪表更好,最好的方法是采用体内调和的美容法。

首先,在生活中要多多参加户外体育活动,促进表皮细胞的繁殖,使表皮形成一层抵御有害物质的天然屏障。

其次,良好的心境与充足的睡眠也是不可少的。这对皮肤的新陈代谢有一定的作用，也会使面容有光泽。

再次，合理的饮食也不可忽略。多喝水，多吃富含维生素C较多的水果蔬菜等，少吃辛辣、高糖、高盐的食物。

最后，坚持科学的面部护理与按摩也是十分重要的。它能促进血液的循环，使面容更加红润健康。

无论男性女性，都应该注意自己的面容修饰，让亮丽的容颜增加你的吸引力。

不同的脸形，不同的修正美容技巧

除了可以通过化妆技巧对不同的脸形作修正外，还可以通过其他一些方法对脸形作技巧修改，给你的个人形象加分。

1 圆形脸的修正法

（1）发型修正法。圆形脸的人可以通过采用强调法和弥补法来处理发型。前者，可以将头发处理为短发，向上梳露出脸的轮廓。后者可以采用偏分的直发，用两侧的直线弥补脸部的曲线条，头顶的部分要尽量蓬松，并让发根直立。

（2）领型修正法。用拉长的直线形领，平衡过于圆滑的下巴曲线。

（3）首饰修正法。项链要选择若有若无的直线，吊坠最好选择方形的。耳环要选择小三角形或小正方形的，最好挑选那种在阳光下才会显现的闪光材料。

2 长形脸的修正法

（1）发型修正法。互补和强调是运用发型修正脸形要遵循的两大原则。互补的作用是"避短"，强调的作用是"扬长"。

但是在日常生活中我们却更愿意选择比较保险的互补法，来达到"避短"的作用，而且越是年龄大的人越爱用互补法。

针对长形脸来说，最好让一部分头发盖住前额，让脸的长度变短一点。另外还要把脸颊两侧的头发做成圆滑的弧线或大卷，以产生蓬松丰满的感觉，利用视错觉让脸蛋儿变胖一点点。

（2）领型修正法。可选择一字领、弧形领、高领及樽形领，从视觉上缩短脸的长度。

（3）首饰修正法。在项链和耳环的选择上要注意回避那种有拉长感觉的设计。可以挑选短链条、包颈设计的，同时注意不要挂吊坠。耳环方面，可以挑选有向外扩张感觉的耳扣，以及大圆环、大粒珍珠等。

（4）丝巾修正法。圆弧形的丝巾轮廓比较合适。一般可采用包住脖子的系法，丝巾最好在侧面或者后面打结。

（5）眼镜修正法。椭圆形框架的眼镜比较适合长脸的人，眼镜框要比本人的脸颊稍稍宽出一点才不显得脸过长过窄。

3 菱形脸的修正法

（1）发型修正法。将头发向两侧分拢，呈弧形并遮盖住前额部分。

（2）领型修正法。领子的开头可参照长形脸的人的领型来选择。

（3）首饰修正法。首饰的佩戴可以参考长形脸的人。

（4）丝巾修正法。丝巾的佩戴方法也可以参照长形脸的人。

（5）眼镜修正法。稍宽的圆形镜框的眼镜通常比较适合菱形的脸。

4 方形脸的修正法

（1）发型修正法。将头顶的发向上梳理，盘成高髻，或将头顶的头发整理得很蓬松，呈弧线。两侧的头发可以修剪成有动感的曲线或有层次的碎发。

（2）领型修正法。领子采用向下发展的领型最好，比如大U字领。

（3）首饰修正法。选择圆点状的耳环最好。

（4）丝巾修正法。丝巾需要系成正面有花结的下挂式。

（5）眼镜修正法。方形脸的人宜佩戴稍稍上翘的弧线形镜框的眼镜。

不同的脸形有许多不同的修正方法，但是无论是通过哪种方式来修改脸形，都需要经过一段时间的摸索才能找出最适合自己的修正方法。所以，即使一两次没修正好也没关系。如果能请专业人士给予一定的指导，就能够事半功倍。

另外还有一点不能忽略，随着年龄的增长，人的脸形也会有或多或少的改变，所以修正的技巧也一定要随时进行调整。

美胸让你丰满自信

让乳房轻松挺起来

（1）牵拉运动：采取站或坐的姿势，两臂放于身体内侧，缓慢地向两边举起，达到头、肩之间高度后，再缓慢向前举，直到两臂快要相碰时停止；之后两臂分开，还原并使肌肉放松。如此反复慢移5～8次。

（2）反支撑挺身：坐在椅上，两臂撑于椅两侧。上体后靠，重心移至手臂，同时两腿伸直，臀部紧缩向前提髋，抬头挺胸，使身体成直线，持续5秒钟，还原。注意自然呼吸，两臂和身体均伸直。

（3）挺胸运动：跪立，两臂自然下垂。上体后移，臀部坐在脚跟上，同时呼气。两臂胸前平屈，手背相对，手指触胸，含胸低头。然后重心前移，挺髋，上体立起，同时吸气，两臂肩侧屈（手心，五指张开），抬头挺胸。反复进行此动作。

（4）俯卧运动：俯撑，双脚分开与肩宽。上体下压，两臂弯曲置体侧，使上臂与地面平行，然后吸气，两臂用力撑地将肘关节伸直，同时抬头挺胸，还原成预备姿势，呼气。每次尽力重复数次。

（5）仰卧运动：仰卧在床上或长椅上，双手握哑铃，两臂平伸，依靠胸肌收缩力直臂上举，然后放松还原，每分钟重复做20～30次。

（6）床上运动：俯卧于床边，将胸部伸出床外，然后上半身抬起，双手交替做"划水"的姿势。每分钟10～15次。

做个丰胸俏佳人

丰满的胸部是女子线条美的特征，乳房对女子胸部健美起着决定性作用。要使胸部丰满而富有弹性，首先要锻炼胸壁肌肉，因为发达的胸肌肉是支托乳房的基础。

胸部锻炼有很多种，除了去健身房锻炼之外，时常做一些小运动也是一种不错的方法。

这里教你几种在不同场合都能够进行的健胸运动。

（1）沐浴是很多人的爱好，但是少有人能够养成利用沐浴来健身的习惯。其实沐浴时是健胸的好时机，利用热水喷射胸部，同时按摩皮肤，促进血液循环，能够预防胸部松弛。

（2）对于经常伏案工作的白领女性来说，利用椅子来锻炼不失为一个好方法。方法是用双手扶着椅背，做突出胸部的运动。此举有利于加强胸部的韧带组织。

（3）睡觉前，在床上俯卧，胸部以上伸出床外，抬起上半身，然后双手有如蛙泳般做划水动作。

传统法美胸

（1）饮食清淡：不偏食、不挑食，合理摄取营养是预防乳腺疾病的有效手段。

（2）坚持哺乳：不进行或不经常进行母乳喂养的女性患乳腺癌的几率要高于与之相反的女性。一些女性为了体形美等因素，不愿用母乳喂养孩子，结果使激素分泌加快，导致各种妇科疾病。哺乳时间在8个月左右，是不会影响乳房健美的。

（3）顺应自然规律：城市女性的西方化问题引起全社会的关注，为减少罹患乳腺疾病及妇科疾病，女性应顺应自然规律，不要滥用嫩肤美容、丰乳产品。丰乳霜、丰乳膏确实能使乳房有所增大，但效果并不持久，而且它们大多含有雌性激素，会引起色素沉着、黑斑、月经不调、乳腺疾病等不良反应。

（4）维生素是天然美乳品：维生素E可促使卵巢发育和完善，女性应该注意多摄取一些富含维生素E的食物，如卷心菜、菜心、葵花籽油、菜籽油等。维生素B是体内合成雌性激素不可缺少的成分，富含维生素B_2的食物有动物肝、肾、心脏、蛋类、奶类及其制品；富含维生素B_6的食物有谷类、豆类、瘦肉、酵母等。

（5）良好的姿势让胸部更动人：走路时保持背部平直，收腹、提臀；坐时挺胸抬头，挺直腰板，这样胸部的曲线就会显得更动人。长期坐办公室的女性，伏案时胸部不要与桌边贴近，应与书桌相距10厘米左右；晚上睡觉时以侧卧为好，且左右轮换侧卧。

（6）文胸大小、质地要合适：正确选用适合自己的文胸，可以起到衬托、固定乳房的作用，从而避免因乳房过分摇动而引起韧带松弛、下垂甚至病变。选择文胸时应根据自己的体型以及乳房大小选用适中的，同时还要观察文胸的材质，一定要选择透气材料制成的，一般主张戴棉布或真丝面料的乳罩。

（7）锻炼、按摩不可少：做一些俯卧撑及单、双杠运动以及游泳，或者每天早晚深呼吸数次，也可以促进胸部发育。

每个月丰胸时间有讲究

从月经来的第11、12、13天，这三天为丰胸最佳时期，第18、19、20、21、22、23、24七天为次佳的时期，因为在这10天当中影响胸部丰满的卵巢激素是24小时等量分泌的，这也正是激发乳房脂肪囤积增厚的最佳时机，在此时间段进行健胸运动、按摩等，适时的激发乳房都能使乳房慢慢增大。与此同时，适量摄取含有动情激素成分的食物，如青椒、番茄、马铃薯以及豆类和坚果类等，多喝牛奶，能获取更好的丰胸效果。

使乳房自然丰满的有效方法

决定乳房发育大小的是乳腺，因为女性的胸部主要是由乳腺外覆盖脂肪而形成的。女孩子在青春期（一般在16～18岁）是胸部发育的顶峰，乳房坚挺而富有弹性。20岁以后，脂肪逐渐增多、胸部变得柔软而丰满。25岁以后，尤其是哺乳以后，如果不注意乳房的保护，就会因脂肪增多、乳腺萎缩而造成乳房松弛。

乳腺主要由两种激素促成乳房的发育。一是雌性激素，这与妊娠有直接关系。另一个因素是从皮肤直接刺激乳腺，刺激部位以乳房上下侧至腋下间的皮肤位置尤为见效。

（1）方法步骤一：由内而外做圆形按摩。双手握住乳房，轻轻震动，由乳下轻轻拍打，双手交替由胸颈处向上按摩。

（2）方法步骤二：用右手掌面从左乳房根部至右肋骨、左锁骨自上而下，自外而内地按摩，共做60下，然后按上述方法用左手按摩右乳房。

（3）方法步骤三：一手放在乳房下侧，从胸谷向腋下按摩，然后再由腋下向外按摩；另一手放在乳房上侧，由腋下向胸谷柔和移动，两手向对进行。按摩20次再换一侧。以上为旋转按摩法。此法可以使乳腺发达，起到隆胸的作用。

先用右手托住右乳房，再将左手轻放右乳房上侧。右手沿着乳房线条之势用掌心向上托，左手顺着圆势向下压。进行20次再换一侧。以上为轻压法。此法对整个乳房发育有益处，还可增加乳房弹性。

按照上述方法坚持3个月，可使乳房隆起2厘米。同时请不要忘记沐浴时的按摩。

少女丰胸特效食物

青春期女性一定要注意营养摄取，不要刻意减肥，在维持适当体重的情况下，胸部才有较好的条件发育，毕竟乳房主要为脂肪构成。在持续发育的关键性阶段（10～18岁），必须多摄取下列食物：

（1）木瓜、牛奶：木瓜、牛奶都有助于胸部发育。另外，青木瓜、地瓜叶和各种莴苣，也都是效果不错的丰胸蔬果。

（2）种子、坚果类食物：含卵磷脂的黄豆、花生等，含丰富蛋白质的杏仁、核桃、芝麻等，都是良好的丰胸食物；玉米更是被营养专家肯定为最佳的丰胸食品。

（3）富含维生素A的食物：如花椰菜、甘蓝菜、葵花子油等，有利于激素分泌，可帮助乳房发育。

（4）富含B族维生素的食物：富含B族维生素的食物。如粗粮、豆类、豆奶、猪肝、牛肉等，有助于激素的合成。

（5）富含胶质的食物：富含胶质的食物如海参、猪脚、蹄筋等，也都是丰胸圣品。

上述这些食物，用在青春期可以帮助乳房发育，用在成熟期则可帮助丰胸。

美腰法则

腰部由粗变细的方法

很多人在形容女性的线条美时，都喜欢用纤细的腰肢，当然不是腰越细越好，但腰部的确是女性体现曲线的重要部位，通过如下练习，可使腰部由粗变细的美梦成真。

（1）面朝上躺在床上，双膝弯曲成直角，然后以双脚为支点，以双手为重心支撑在床上，将身体慢慢抬起再放下，连续做10次。

（2）仰卧。两腿伸直两臂体侧变曲，掌心向下，右腿变曲用力向左，膝部触地，左腿保持伸直不动，吸气，然后还原到开始的姿势，呼气，以后换左腿做同样的动作，每条腿做10～15次。

（3）仰卧起坐。这个动作有一定难度，但它有一箭双雕的效果，既有助于使腰变细，又可使大腿变细。

5分钟成细腰美女

使腰变细的运动：

（1）双腿向前伸直坐正，臀部肌肉收紧。

（2）双手各持毛巾的一端，两臂向前伸直。（肩膀不可以用力，手臂不可以弯曲）。

（3）保持手持毛巾、手臂伸直的姿势，向左右转动，臀部也要同时迅速扭动。运动到稍微出汗为止，最少10次。运动时，脸朝向正前方，手臂要伸直。

消除小腹赘肉的运动：

（1）仰躺，臀部紧缩，两脚分开与腰同宽。

（2）两脚尖向内侧靠拢，双手枕在脑后。

（3）边吐气，双腿边往上抬至离地5厘米高，并伸展跟腱。两手支撑着头部往上抬，伸展颈部。充分伸展之后，吸气、憋住，直到憋不住时，恢复原来姿势，重复做10次（两脚尖靠在一起时应呈直角）。

改善肥胖体质的运动：

将事先烫热的碗反盖着，铺上毛巾，身体俯卧，腹部贴在碗上面。保持这个姿势，做腹部深呼吸5～30分钟。注意：碗可以稍微移动，使整个腹部都能碰触到。当腹部感觉不舒服时，别勉强，可缩短运动的时间。

10分钟快速瘦腰

下面3套实用省时的练腰操，只要10分钟，每天坚持，相信不久你又能找回你的细腰了。

护理方法一：

（1）躺平，双腿并拢伸上伸直（运用到腰腹部的力量）；

（2）背和臀部也同时向上挺直（离开接触面）；

（3）然后慢慢放落；

（4）重复次依自己的能力来衡量。

护理方法二：

（1）躺平，双手抱于脑后；

（2）身体伸直（可屈膝），运用腰腹部力量，使身体坐起再躺下；

（3）重复次数可依自己的体能来衡量。

护理方法三：

（1）躺平；

（2）运用身体的腰腹部的力量把双腿向上举，同时上半身向前挺起，双臂平伸（身体此时成屈型）；

（3）试着让双臂和两腿互相碰触到；

（4）可依自己的能力来决定每次运动重复次数。

以上3套动作分别单独进行或整合都可，一天10分钟不偷懒，梦想中的纤细腰身即将出现！

"点头哈腰"维护人体"脊梁骨气"

"点头哈腰"是人体脊柱运动的基本动作，可以维护"脊梁骨气"，是防治颈腰痛的简便好方法。

一位北京大学的博士生，由于长期从事电脑操作，颈部酸痛。中医骨科专家韦教授为他检查后说："你的颈椎没必要治疗，每天点头哈腰 100 次，每 20 次休息一下，一个月就可康复。"点头（下巴点到胸骨呈 90°）后伸腰，就是锻炼颈项韧带，让其恢复弹性和韧性。铁轨直了，车轮也就不跑偏了。韦教授又对博士生说："你的症状只是生理曲度稍微变直，通过颈项韧带锻炼，就可以自行恢复。"一个月后，博士的脖子不酸痛了。

韦教授告诉读者，"点头哈腰"不仅能防治颈椎病，还能防治腰痛，这对于经常伏案工作的人特别有效。长期坐着工作的人都应该定时起来做一下"点头哈腰"的运动。

细腰法则

（1）多喝水，少喝碳酸饮料。碳酸饮料和那些含糖量高的饮料会让你的肚子鼓得像个气球。

（2）不要常吃薯条，尤其是在生理期前。罐头食品也是含盐分高的食品。

（3）让你的下巴休息一下，不要一直嚼口香糖。嚼口香糖会让你吞下过多的空气，肚子因此会发胀而鼓出。

（4）如果感觉排便不顺，多喝咖啡。一杯或两杯咖啡有助于通便。

（5）束身内衣，高腰束裤或腹带，可以使人看上去比较瘦。内衣的束身效果好，不过，多余的赘肉在过紧的内衣里会凸显出来，所以要避免穿太紧的内衣。

（6）选择最适合你的礼服，不要考虑尺码，没有人会去看你礼服的标签，但如果你的衣服太紧，你可能会把肉肚子暴露。所以，要把自己身材最好的部分显示出来，吸引别人的目光，把注意力从你发胖的腹部转至细腰上。

香肩美背锻造法

不让背痛骚扰你

不管你是在写字、做家务，还是驾车时，背痛都会在你毫无察觉的情况下突然袭击。你必须防患于未然，及早预防。

（1）不良的姿势，如低头垂肩地坐在椅子上、俯身趴在书桌上，都会使脊柱偏离正常位置，将过多的压力压在背部肌肉上，因此坐立时，要尽力保持良好的姿势。

（2）如果你需要整天坐在办公桌和电脑前，那么选择一把高度适当的椅子。脚和背应靠在支撑物上，膝部可以略低于臀部，这是一种对你来说最舒服的姿势。

（3）在办公室久坐的你需要至少一个小时站起来活动一下。如果无法离开办公室，试着将文件夹等物品放在你必须站起来才能取到的位置。

（4）当你提东西时，将它尽可能与身体接近，不要伸直手臂或弯曲拾起物品，应尽量保持背部竖直，然后弯曲膝部蹲下拾起。

（5）防止背痛的一个办法是维持理想的体重。如果超重的话，肌肉会处于不良状态。建议你每周进行4次20～30分钟的增氧健身运动，并注意饮食结构，多吃低脂肪的食物。

美背小技法

我们的肩背虽不像颈部、脸部那样容易显现岁月的痕迹，不过随年龄增长，粗糙干燥度也日渐明显。那么如何预防它的提早老化呢？——定期进行肌肤按摩保养，效果将会极佳！

护理方法一：

（1）清洁后，抹上按摩霜，手掌从背部、肩部往上按至后颈，以抗拒重力作用引起的肌肤下坠。随着淋巴、血液系统循环加快，肩部肌肤的健康活力也逐渐增加。并且，平时卸妆必须伸到胸肩部，下颌并非分界线。

（2）此外，每日沐浴后，可在肩背处上柔肤水或化妆水，再抹上护肤霜。早上使用面霜、防晒霜时也不要遗忘肩部。

（3）如有时间，最好每星期去美容院做一次整体护理。

护理方法二：

（1）两手与肩宽，举过头顶，尽量向后，维持20秒，放下，做10次。

（2）两手与肩平，分别向左右两边伸展，做10次。

当然你若利用一般芭蕾舞动作来进行身体锻炼，不但身体曲线会变漂亮，而且，更能够进行局部雕塑！所以，平常多用些时间来进行这些伸展舞蹈动作，你会有意想不到的效果。

用衣服包装自我，用自信打动他人

美国商人希尔在创业之初，就意识到了服饰的作用，他清楚地认识到，商业社会中，一般人是根据一个人的衣着来判断对方的实力的，因此他首先去拜访裁缝。靠着往日的信用，希尔定做了3套昂贵的西服，共花了275美元，而当时他的口袋里仅有不到1美元的零钱。然后，他又买了一整套最好的衬衫、衣领、领带、吊带及内衣裤，而这时他的债务已经达到了675美元。

每天早上，他都会身穿一套全新的衣服，在同一个时间里、同一个街道与某位富裕的出版商"邂逅"相遇，希尔每天都和他打招呼，并偶尔聊上一两分钟。这种例行性会面大约进行了一星期之后，出版商开始主动与希尔搭话，并说："你看起来混得相当不错。"

接着出版商便想知道希尔从事哪种行业。因为希尔的衣着所表现出来的这种极有成就的气质，再加上每天一套不同的新衣服，已引起了出版商极大的好奇心，这正是希尔盼望发生的情况。希尔于是很轻松地告诉出版商："我正在筹备一份新杂志，打算在近期内争取出版，杂志的名称为《希尔的黄金定律》。"出版商说："我是从事杂志印刷及发行的，也许我可以帮你的忙。"

这正是希尔所等候的那一刻，而当他购买这些新衣服时，他心中已想到了这一刻。后来，这位出版商邀请希尔到他的俱乐部和他共进午餐，在咖啡和香烟尚未送上桌前，已"说服了希尔"答应和他签合约，由他负责印刷及发行希尔的杂志。希尔甚至"答应"允许他提供资金并不收取任何利息。

发行《希尔的黄金定律》这本杂志所需要的资金至少在3万美元以上，而其中的每一分钱都是从优质衣服所创造的价值上筹集来的。

希尔的成功很有力地证明了衣着对一个人的巨大作用,如果当初他根本不注重衣着,那么那位出版商肯定连看都不愿看他,更不会帮他出版杂志了。

据社会心理学家估计,第一印象的93%是由服装、外表修饰和非语言信息组成。服饰是一种无声语言,不但能给对方留下一定的审美观感,而且它还能反映出你个人的气质、性格、内心世界。它在很大程度上决定了别人对你的喜欢程度。

美国的心理学者雷诺·毕克曼做了以下有趣的实验:在纽约机场和中央火车站的电话亭里,在任何人都可以看到的地方,放了10美分,等到一有人进入电话亭,约2分钟后敲门说:"对不起,我在这里放了10美分,不知道你有没有看到?"结果退还钱的比率差异较大,询问者服装整齐时占77%,而询问者衣服较寒酸时则占38%。

因此可以看出,衣服一定程度上决定了别人对你的印象和态度。一套得体的服装会带给你自信,从而使别人更愿意与你交往。着装艺术不仅给人以好感,同时还直接反映出一个人的修养、气质与情操,它往往能在尚未认识你或你的才华之前,向别人透露出你是何种人物。因此,在这方面稍下一点工夫,是会事半功倍的。

所以,你要学会用服装来包装自我,选择带给你自信的优质服装,不但可以掩盖你身材的不足,还可以衬托形体的优势,并在心理上消除由于对外表不满带来的焦虑。优质的服装还可以积极地调整穿衣者的态度,它有强烈的暗示作用,在心理上提示自己表现得要如同自己的服装一样出色。另外,它还能够增加着装人的成就感，让你表现得自豪、沉着、优雅。

因而，你不一定穿自己喜欢的衣服，但你一定要穿让你自信的衣服，它绝对会在很多层面上影响你的工作、你的生活。你穿着自信的衣服时，你在3秒钟之内可以抓住别人的视线；如果你抓住别人的视线，你在3分钟之内才可以得到别人的注意力；如果你得到别人的注意力，才有后面30分钟跟别人交谈的机会。所以每天出门的时候，你要先照一下镜子，看看自己有没有穿着吸引别人的服装。

衣着对一个人的影响非常大，一个不讲究衣着、对衣着缺乏品位的人，人际关系的效果势必会受到影响。因此，你若想有个好形象，从现在起，请立即注重你的衣着。用得体的衣装来包装自我，用自信来打动他人。

女性自信着装的3大原则

我们经常说："女性可以用美丽征服世界。"这种美丽，肯定不只是长得美，而是兼含内在与外在和谐统一的美感。而表现外在，最迅速、最有效的就是女性的着装。

当今时代，是崇尚自由的时代，这种自由，也渗透到了穿衣打扮之中。但是，这并不是说我们就可以随便着装了，在必要的场合，遵循着装的基本原则还是必不可少的。如果我们遵循了着装的这些原则，不仅可以使我们看起来更加得体，也会使女性更加自信。下面，我们就介绍一下女性着装的3大原则。

1 季节与着装色彩的搭配原则

一年四季，严寒酷暑，不停地变换。为了保持体温，我们的服装也会随着发生变化。但是，不同的季节，着装的色彩也要遵循一些基本的原则。

（1）春秋季节。

春季是万物复苏的季节，因此，这个阶段的着装应采用暖色系的色彩来体现这时的生机勃勃。秋季是丰收的季节，也是一个充满诗情画意的季节，此时可采用中间色和中明度色来体现秋天的成熟。

春秋季节是服装种类最多、没有什么特殊限制的季节，可以根据自己的特点和爱好来选择。在面料和款式上，柔软而有光泽的质料比较受人们的欢迎。

（2）夏季。

夏天气温很高，很容易使人浮躁不安。因此，此阶段的服装色彩应以冷色、浅色为主。尤其是蓝色，能让人眼睛一亮，倍感清新。蓝色与其他颜色搭配也可以相得益彰。在面料选择上，由于人体易出汗，所以应选透气性强、吸湿性好的纯棉、纯麻和丝绸面料。

（3）冬季。

冬季寒冷，因此可以选用色彩鲜艳、热烈的颜色格调，给人以温暖的感觉。面料上可以选择保温性强的呢、绒、毛料、皮等。

2 流行与适合自己的个性相结合的原则

对于爱美的女性来说，选择当前最流行的服装是必要的。因为流行代表着充满活力、永远年轻的生活态度。但是，也不要忘了是否与自己的个性相符。

每一季流行的清单上，女人最应该注意的是哪些适合自己。女人的装束，不一定每件都是名品，但一个季节至少应该选择一套略高于自己消费能力的高档时装，这会使你自信心倍增。

高级和廉价可以混着来穿。比如一些T恤衫之类的可替代性较强的服饰，可以不必买名牌，只要借鉴一下名牌的款式和色彩就可以了，然后和自己高级的服饰搭配，这样就可以用比较少的钱穿出大牌的品位。

3 总体着装原则

（1）不要在办公室穿太紧、太透、太性感的衣服。如果穿得过于性感，只会使你看起来不专业，像个花瓶，还会影响男同事的工作。

（2）不要穿得过于男性化。

（3）不要盲目追赶时装潮流。

（4）要每天改变上班穿的裙子长度、款式和颜色。

（5）在办公室与人洽谈业务时，不要一会儿脱掉外衣，一会儿又穿上，这样会分散对方的注意力，也会给对方带来不稳定的感觉。

（6）佩戴的饰品不要太低廉、太累赘，这样会给人带来俗气的印象。首饰佩戴应该大方得体。

（7）衣服上不要喷太浓的香水，这样会使人觉得俗不可耐，并且不敢靠近。

（8）不要穿抽丝的丝袜或者露出线条的内裤上班。这样，你的腿形再美，也失去了和谐的美感。

（9）在穿衣打扮之前，先问问自己要和什么样的人会面，再来决定穿什么样的衣服。

（10）衣服的色彩搭配十分重要。一般而言，正式场合，不要穿色彩反差太大的衣服。

总之，合适、得体的着装可以把女性变得更加可爱、更加具有吸引力。从女性自身来说，出色的着装，可以使自己具备饱满的自信和工作热情，进而在工作和社交中给大家留下良好印象，使自己获得成功。

性感的女人能吸引更多的目光，因此，很多女士都喜欢把自己装扮的性感一些，然而并不是任何时候的性感都能取得良好的效果。因此，女性在职业着装时，应该特别注意，不要让不合时宜的性感削弱了你专业性上的权威和信任度，损坏了你的职业形象。

选对衣服穿出个性品位

选衣服绝对是一门学问。虽然我们没有服装造型师那么的专业，但是用心琢磨这门学问还真可以让你受益匪浅呢。

1 自己喜欢的，并不是最好的

作为平常人来说，大多没有经受过专业的有关时尚方面的训练，所以大多数自己喜欢的穿着方式。从时装的角度来看，往往并不是入流的，有些甚至可能是恶俗和低劣的，回想一下大街上的某些镜头，真的是这样。所以，不要认为自己的就是最好的，就是必须坚持的。能领导潮流的人毕竟只是少数，而且必须是有时尚功底的才又可能完全做到。

2 时尚品位需要不断的"学习"

每个人喜欢和偏爱的东西，比如花布裙、蕾丝、蝴蝶结等等，它们本身并没有错，关键还是看组合的方式，就是如何用时尚的而且是适合自己的方式表达出来。了解时尚讯息是最最关键的一步，也绝对是最快捷的一种方法。找一本适合自己风格和穿着的服饰书固定下来，每个月买一本就可以了。

3 固定服装品牌

商场的衣服琳琅满目，但是我们必须要记住的是：并不是所有的衣服都是适合你的。适合一般主要表现在价位和风格上。要尝试着尽快确定价位和风格都合适的 3～4 个品牌，并尽量尝试着固定下来。固定的意思并不是说每一件衣服都挑选这些品牌之内的，但是外衣（就是外套、大衣、西装等）必须尽量选择这些品牌。因为外衣往往是个人服饰风格最关键的部分，也是最能体现个人品位的。

4 固定着装风格

对于 25 岁以上的普通人来说，一般应该开始着手尝试并选择固定的服装品牌。选择期可以有 2～3 年。2～3 年后，也就是快 30 岁的时候，应该已经确定了服装品牌。下一步工作就是确定固定的个人着装风格。

风格，这对一个人或一件衣服来说，几乎是最重要的了。看一件衣服的时候，先不要单纯考虑颜色或者款式，应该做的是大致揣摩这件衣服的整体体现出来的风格，这种风格与自己的是否吻合。如果风格不是自己的，那就坚决放弃。如果风格吻合了，再考虑颜色和款式等方面的细节。

另外，在固定个人风格的时候要注意多样化，就是最少确定上班风格、休闲风格和晚会风格这 3 种风格，那样的话才不会太单调。

5 确定自己的主打色系和辅助色系

根据自己的肤色、喜好等确定个人衣橱的主打色系，并尽量保持衣橱中 60% 衣服的颜色在主打色系之中。同时根据当季流行的色彩确定衣橱的辅助色系，并保持 40% 衣服的颜色在辅助色系中。

6 确定基础款和流行款的比例

把个人衣橱中基础款式和流行款式的比例尽量保持在 3：2 之间。这点其实很难做到，一般来说，每个人购物的时候，总想买那些款式最流行、颜色最耀眼的衣服，但如果每次购物的时候总是买这些的话，那么可以想象你的衣橱一定很糟糕。黑色长裤、米色风衣、白衬衫、圆领黑T恤之类的基础款衣服，它们在你衣橱中的比例一定要占60%以上，否则你的品位就可能有问题了。

7 摈弃模式化

在前面6点全部做到之后，可以相信你的衣橱、着装已经做到了基本不大容易挑出明显的毛病了。当然，这6点只是提高品味的捷径，但要有最佳的品位，单纯靠这6点是绝对不行了。答案很明显，那就是太模式化了。模式化本质上是与瞬息万变的时尚潮流完全不合拍的。所以，在模式化的基础上，适当加一些小小的灵感的大胆点缀，将让你的品位大大提升。小小的配饰等一些属于个人的东西，都可以尽情尝试。

提高自己的衣饰修养

服饰巧妙的搭配是女性流动的风景线。春天它把女人变成欢乐明亮的女神；夏天让女人成为热情奔放的情人；秋天它使女人成为风韵犹存的妇人；冬天则令女人成为冷艳绝色的绝代美人……

但是在现实生活中，每个女人都会迷失、彷徨，"永远都缺一件衣服"更成了女人在出门前常常拿来自嘲的一句话。不过不要紧，只要你够勤奋，真正地认识自己，并读懂服饰语言，每个女人都会变得分外美丽。

1 建立自己的穿衣风格

我们不能妄谈拥有自己的一套美学,但应该有自己的审美倾向。而要做到这一点,就不能被千变万化的潮流所左右。我们应该在自己所欣赏的审美基调中,加入时尚的元素,融合成个人品位。比如,如果你只喜欢穿裙子的淑女感,也不必排斥宽腿长裤、九分裤等同样能传递出优雅感觉的裤装。融合了个人的气质、涵养、风格的穿着会体现出个性,而个性是最高境界的穿衣之道。

2 衣服要与你的年龄、身份、地位一起成长

西方学者雅波特教授认为,在人与人的互动行为中,别人对你的观感只有 7% 是注意你的谈话内容,有 38% 是观察你的表达方式和沟通技巧(如态度、语气、形体语言等),但却有 53% 是判断你的外表是否和你的表现相称,也就是你看起来像不像你所表现的那个样子。因此,踏入职场之后,那些慵懒随意的学生形象,或者娇娇女般的梦幻风格都要主动回避。随着年龄的增长、职位的改变,你的穿着打扮也应该随之改变,记住,衣着是你的第一张名片。

3 基本服饰是你的镇山之宝

及膝裙、粗花呢宽腿长裤、白衬衫……这些都是"衣坛常青树",历久弥新,哪怕 10 年也不会过时。这些衣物是你衣橱的"镇山之宝"、必备之品,所以选购时要注意材质上乘、剪裁得体的衣物。多花点儿钱买件优质品,不仅穿起来好看,而且穿着时间长,绝对值得。

女人就是要有气质

气质决定着女人在公众心目中的形象，是女人在现代生活的各个领域中获得成功的必要前提。气质是女人获得幸福的重要资本，在很大程度上决定了女人一生的幸福。现代女人，既要温柔，又要坚强；既要注重内在修养，又要注意外在妆扮；既要幸福的家庭，又要成功的事业；既要奉献，又要善待自己……这些都需要女人在现实的生活中不断修炼自己的气质。

女人就是要有气质

出 版 人丨刘凤珍　　封面设计丨施凌云
策 划 人丨侯海博　　文字编辑丨聂尊阳
责任编辑丨笑　年　　美术编辑丨武有菊